経済学叢書 Introductory 別巻

初級 統計分析

西郷 浩

新世社

はじめに

本書の目的

　本書では，あたえられた統計データから基本的な特徴を捉える方法（記述統計学的手法）を解説する．どのような目的で統計データを分析するにせよ，データの基本的な特徴を捉えることは分析の第一歩である．そのための手法をできるだけ分かりやすく解説することが本書の目的である．

　本書では，実際の統計データをもちいながら各種の手法の解説を進める．統計分析ではデータを加工しながら対象の性質について考えることが大切である．分析手法の数理的な側面よりも，データの分析を通して対象をよりよく理解することを重視する．

　とはいえ，統計学がデータを扱う科学である以上，ある程度の数式の使用は避けられない．データが数値で記述されていることが多く，数値を扱うには数式をもちいるのが便利だからである．ただし，本書に登場する数学の水準はそれほど高くない．高等学校で習う数学が分かれば十分である．実際，高校生が独力で読めるように説明することを心がけた．

　そうしたわけで，本書の内容を理解することは易しい．しかし，本書の内容を理解することと，そこで書かれている手法を使って統計データを自分で分析できることには隔たりがある．バスケットボールの解説書を読んでシュートの原理が分かっても，すぐにシュートが打てるようにはならないのと似ている．打てるようになるには，繰り返し練習しなければならない．解説書を読むのは，我流に陥るのを避けてもっとうまくなるためである．読んで分かれば終わり，というものではない．その点で，本書もスポーツの解説書と同じである．

　練習の手助けに，各章に練習問題が付されている．読者には，ウォーミングアップのつもりで取り組んでいただきたい．そして，試合（自分の関心に応じて入手したデータの分析）へと進んでいただきたい．

本書の構成

本書の構成は以下のとおりである。

第 I 部では，関心の対象が 1 種類である場合，すなわち，1 次元データの分析について述べる。1 次元のデータから全体の傾向を捉える方法について，基本的な考え方を詳しく説明している。高校生にも予備知識なしに読めるように，学校関係のデータを中心に分析している。

第 II 部では，関心の対象が 2 種類である場合，すなわち，2 次元データの分析について述べる。そこでは，関係の分析が中心課題となる。自然現象であれ社会現象であれ，関係を捉えることは分析の出発点である。統計データで関係を捉える方法について，基本的な考え方を説明している。

第 III 部では，時系列データ，すなわち，時間の順序で整列しているデータの見方について紹介する。過去があって，現在があり，未来がある。社会の歴史を統計データによって確かめることは大切である。時系列データには時間の順序に配慮した特別な分析方法がある。それについて，基本的な考え方を説明している。

なお，本書でもちいたデータは新世社のウェブサイトからダウンロードできる。また，章末の練習問題の略解も同様である。URL は下記の通りである。

URL：http://www.saiensu.co.jp/

使用データ

本書で使用したデータは，公的統計等，すべて入手可能なものである。そのほとんどは，ウェブサイトからダウンロードできる。

- 総務省統計局
  http://www.stat.go.jp/
  最新の『日本統計年鑑』や『日本の統計』,『世界の統計』,「家計調査」など。
- 財務省
  http://www.mof.go.jp/statistics/
  「法人企業統計」など。
- 文部科学省
  http://www.mext.go.jp/b_menu/toukei/chousa01/kihon/1267995.htm

「学校基本調査」など。
- 厚生労働省
  http://www.mhlw.go.jp/toukei/itiran/
  「国民生活基礎調査」,「国民健康・栄養調査」など。
- 農林水産省
  http://www.maff.go.jp/j/tokei/
  「作物統計」など。
- 経済産業省
  http://www.meti.go.jp/statistics/
  「工業統計表」,「特定サービス産業実態調査」など。
- 国土交通省
  http://www.mlit.go.jp/k-toukei/saisintoukei.html
  「航空輸送統計調査」など。
- 日本銀行
  http://www.boj.or.jp/statistics/index.htm/
  「通貨流通高」など。
- 東京大学社会科学研究所附属日本社会研究情報センター
  http://ssjda.iss.u-tokyo.ac.jp/
  JGSS のリモート集計など。

上記の公的統計の多くは，政府統計の総合窓口 e-Stat からも入手できる。

統計解析用言語

本書で実行した統計計算には，無料で使える統計解析言語 R をもちいている。R のインストールに必要なファイルは，CRAN (The Comprehensive R Archive Network) のウェブサイトからダウンロードできる。

http://cran.r-project.org/

謝　　辞

筆者が統計の教育・研究に携われるようになるまでに，数え切れないほど多くのかたがたにお世話になった。しかし，限られた紙面では全員のお名前をあげてお礼を申し上げることができない。ここでは，学生として直接ご指導いただいた佐竹元一郎先生と永山貞則先生とをあげるにとどめ，ご無礼をお許しい

ただきたい。

　社会に関する統計データは，調査に協力して回答したかたがたと，調査を実施したかたがたとの共同作業の産物である。社会全体の福祉向上に役立つ正確な統計の作成のために，地道な努力を黙々と重ねるすべての人々に感謝したい。

　統計データを分析する手法と，それを実行するためのソフトウェア等の開発に尽力しているかたがたにも感謝したい。本書で説明する方法のすべては，統計の世界の共有財産である。筆者の独創によるものはない。

　新世社の御園生晴彦氏には，遅筆な筆者を辛抱強くサポートしていただいた。記して謝意を表したい。

　末尾ながら，筆者を育ててくれた両親と，筆者の心身の健康を支えてくれる家族に感謝したい。

　2012 年 4 月

西郷　　浩

目 次

第Ⅰ部　1次元データの分析

第1章　度数分布表とヒストグラム　3

- 1.1　全体を把握する方法の模索 …………………………………… 4
  - 1.1.1　データ：都道府県別小学校数 ……………………… 4
  - 1.1.2　並べ替え ……………………………………………… 6
  - 1.1.3　数直線 ………………………………………………… 7
- 1.2　度数分布表の作成 ……………………………………………… 8
  - 1.2.1　度数分布表とは ……………………………………… 8
  - 1.2.2　度数分布表の作り方 ………………………………… 9
- 1.3　ヒストグラムの描き方 ………………………………………… 10
- 1.4　ヒストグラムの見方 …………………………………………… 12
  - 1.4.1　峰の数 ………………………………………………… 12
  - 1.4.2　左右の対称性 ………………………………………… 13
  - 1.4.3　中心の位置とバラツキ ……………………………… 14
- 1.5　階級の構成 ……………………………………………………… 14
  - 1.5.1　階級構成の度数分布への影響 ……………………… 14
  - 1.5.2　階級をどのように構成すべきか …………………… 17
  - ■練習問題（20）

第2章　累積度数分布と分位点　23

- 2.1　累積度数分布 …………………………………………………… 24
  - 2.1.1　累積度数とは ………………………………………… 24
  - 2.1.2　分布関数 ……………………………………………… 25
  - 2.1.3　分布関数の基本的な性質 …………………………… 25
  - 2.1.4　補足 …………………………………………………… 27
- 2.2　分布関数の見方 ………………………………………………… 28

v

　　　　2.2.1　横軸から出発して縦軸の値を読む ·················· 28
　　　　2.2.2　分布関数の傾斜とヒストグラムとの対応 ············ 28
　　　　2.2.3　分布関数とヒストグラムの柱の面積との対応 ······· 29
　　2.3　分 位 点 ·· 30
　　　　2.3.1　分 位 点 と は ·· 30
　　　　2.3.2　分布関数の縦軸から出発して横軸を読む ············ 32
　　　　■練習問題（33）

第3章　代 表 値　35

　　3.1　なぜ代表値が大切か ·· 36
　　3.2　最 頻 値 ·· 36
　　3.3　中 央 値 ·· 37
　　3.4　算 術 平 均 ·· 38
　　3.5　分布の歪みの影響 ··· 38
　　3.6　どの代表値をもちいるべきか ···································· 40
　　　　■練習問題（42）

第4章　バラツキの尺度　43

　　4.1　なぜバラツキが重要か ·· 44
　　4.2　度数分布の幅を利用した尺度 ···································· 45
　　　　4.2.1　範　　囲 ·· 45
　　　　4.2.2　四分位範囲，四分位偏差 ··································· 46
　　4.3　算術平均からの偏差を利用した尺度 ·························· 47
　　　　4.3.1　算術平均からの偏差 ··· 47
　　　　4.3.2　分　　散 ·· 49
　　　　4.3.3　標 準 偏 差 ·· 50
　　　　4.3.4　変 動 係 数 ·· 51
　　　　■練習問題（54）

第5章　不均等度の捉え方　55

　　5.1　量的な均等性 ·· 56
　　5.2　ローレンツ曲線 ·· 57
　　　　5.2.1　ローレンツ曲線の描き方 ··································· 57
　　　　5.2.2　ローレンツ曲線の見方 ······································· 58

5.3 ジニ係数 ……………………………………………………61
　5.3.1 ジニ係数とは ……………………………………61
　5.3.2 ジニ係数の計算方法 ……………………………61
5.4 適用例 ………………………………………………………63
　5.4.1 データ：参議院選挙における有権者 1,000 人
　　　　当たり議員定数 …………………………………… 63
　5.4.2 加重平均 ……………………………………………65
　5.4.3 有権者 1,000 人当たり議員定数の
　　　　ローレンツ曲線 …………………………………… 66
　5.4.4 有権者 1,000 人当たり議員定数のジニ係数 ………67
　■練習問題（67）

第6章　度数分布表からの近似計算　　69

6.1 データ：貴金属・宝石製品製造業の従業者数
　　の度数分布表 ……………………………………………… 70
6.2 ヒストグラムの作成 ………………………………………70
6.3 累積分布関数と分位点の近似計算 ……………………72
　6.3.1 正確に分かる部分の計算 ………………………72
　6.3.2 階級内の分布に関する仮定 ……………………72
　6.3.3 累積分布関数の近似 ……………………………73
　6.3.4 分位点の近似 ……………………………………73
6.4 算術平均と分散，標準偏差の近似計算 ………………75
　6.4.1 階級内の分布に関する仮定 ……………………75
　6.4.2 算術平均の近似計算 ……………………………75
　6.4.3 分散と標準偏差，変動係数の近似計算 ………76
6.5 度数分布表からのローレンツ曲線の作成と
　　ジニ係数の計算 …………………………………………… 77
　6.5.1 階級内の分布に関する仮定 ……………………77
　6.5.2 ローレンツ曲線の近似 …………………………78
　6.5.3 ジニ係数の近似計算 ……………………………79
　6.5.4 補足 ………………………………………………80
6.6 データ：広告業における資本金の度数分布表 ………80
6.7 連続型変数の場合の累積分布関数・分位点の
　　近似 ………………………………………………………… 81

- 6.7.1 階級内の分布に関する仮定 ……………………………… 81
- 6.7.2 累積分布関数の近似 ……………………………………… 82
- 6.7.3 分位点の近似 ……………………………………………… 84
- 6.8 算術平均と分散，標準偏差，ローレンツ曲線，ジニ係数の近似 …………………………………………………… 84
- 6.9 累積相対度数の近似計算における変数の型の使い分け ………………………………………………………… 85
  - ■練習問題（86）

第7章 分布のその他の表現方法　89

- 7.1 データ：男女別識字率 …………………………………………… 90
- 7.2 幹 葉 表 示 …………………………………………………………… 90
- 7.3 箱 ヒ ゲ 図 …………………………………………………………… 94
  - ■練習問題（96）

第II部　2次元データの分析

第8章 相　　関　99

- 8.1 散 布 図 …………………………………………………………… 100
- 8.2 相 関 の 概 念 ……………………………………………………… 102
- 8.3 共 分 散 …………………………………………………………… 103
- 8.4 相 関 係 数 ………………………………………………………… 105
  - ■練習問題（107）

第9章 回帰分析の基本　109

- 9.1 最 小 2 乗 法 ……………………………………………………… 110
  - 9.1.1 1次式による関係の要約 ………………………………… 110
  - 9.1.2 最 小 2 乗 法 ……………………………………………… 110
  - 9.1.3 正 規 方 程 式 ……………………………………………… 112
- 9.2 回 帰 直 線 ………………………………………………………… 114
  - 9.2.1 回帰直線に関連する用語 ………………………………… 114
  - 9.2.2 回帰直線の性質 …………………………………………… 114
  - 9.2.3 条件つき平均としての回帰直線 ………………………… 115

　　　　9.2.4　もう1つの回帰直線 ………………………………… 116
　9.3　当てはまり具合の確認：決定比 …………………… 116
　　　　9.3.1　2乗和の分解 ………………………………………… 116
　　　　9.3.2　2乗和の分解の解釈 ………………………………… 117
　　　　9.3.3　決 定 比 ……………………………………………… 117
　9.4　当てはまり具合の確認：残差プロット …………… 118
　　　　9.4.1　散布図への回帰直線の描画 ………………………… 118
　　　　9.4.2　残差プロットの描き方と見方 ……………………… 119
　　　　■練習問題（120）

第10章　回帰分析の発展：対数変換　　121

　10.1　データ：都道府県別学習塾数と事業売上高 …… 122
　10.2　変数変換によるデータの直線化 ………………… 124
　10.3　対 数 変 換 …………………………………………… 126
　　　　10.3.1　対数変換の効果 …………………………………… 126
　　　　10.3.2　弾 力 性 …………………………………………… 126
　10.4　最小2乗法の適用 …………………………………… 128
　10.5　弾力性の見方 ………………………………………… 129
　　　　10.5.1　弾力性と曲線の形状 ……………………………… 129
　　　　10.5.2　弾力性と y/x の値 ………………………………… 131
　10.6　1次元データへの対数変換の適用 ………………… 131
　　　　10.6.1　分布の歪みの矯正 ………………………………… 131
　　　　■練習問題（133）

第11章　回帰分析の発展：重回帰分析　　135

　11.1　データ：家賃と所得，人口密度 ………………… 136
　11.2　回帰直線の拡張 ……………………………………… 136
　　　　11.2.1　散布図行列と相関係数行列 ……………………… 136
　　　　11.2.2　重 回 帰 式 ………………………………………… 139
　11.3　重回帰式における最小2乗法 ……………………… 139
　11.4　重回帰式の当てはまり具合の確認 ………………… 141
　　　　11.4.1　決 定 比 …………………………………………… 141
　　　　11.4.2　残 差 プ ロ ッ ト …………………………………… 142
　11.5　重回帰式の係数の推定値の符号 …………………… 143

11.5.1　偏相関係数 …………………………………… 143
11.5.2　偏相関係数の符号と単相関係数の符号が
　　　　異なる場合 …………………………………… 144
11.5.3　偏相関係数と単相関係数の比較 ……………… 144
11.5.4　偏相関係数と重回帰式における係数の推定値と
　　　　の関係 ………………………………………… 145
■練習問題（145）

第12章　分割表の分析　　147

12.1　分割表の構成 …………………………………………… 148
　12.1.1　分割表とは ……………………………………… 148
12.2　同時分布，周辺分布，条件つき分布 ………………… 149
　12.2.1　同時分布と周辺分布 …………………………… 149
　12.2.2　条件つき分布 …………………………………… 150
12.3　2×2分割表 …………………………………………… 152
　12.3.1　2×2分割表の見方 …………………………… 152
　12.3.2　関連係数 ………………………………………… 154
12.4　量的変数から作成した分割表 ………………………… 155
■練習問題（157）

第III部　時系列データの分析

第13章　時系列データの見方　　161

13.1　データ：小学校在学者数と小学校数の時間的
　　　推移 …………………………………………………… 162
13.2　長期的な水準の動き …………………………………… 162
13.3　短期的な変化 …………………………………………… 165
　13.3.1　変化率の計算方法 ……………………………… 165
　13.3.2　要因分解 ………………………………………… 167
13.4　データ：中学校在学者数と高等学校在学者数
　　　の時間的推移 ………………………………………… 168
13.5　時差相関係数 …………………………………………… 171
■練習問題（174）

第14章 時系列データの分解　175

- 14.1 データ：月別国際航空旅客数 ………………… 176
- 14.2 時系列を構成する変動 ………………………… 178
- 14.3 変動の抽出 …………………………………… 179
  - 14.3.1 趨勢変動・循環変動の抽出 ……………………… 179
  - 14.3.2 季節変動と不規則変動の抽出 …………………… 181
- 14.4 季節調整 ……………………………………… 183
  - 14.4.1 季節調整済み系列 ………………………………… 183
  - 14.4.2 前年同期比 ………………………………………… 184
- ■練習問題（187）

参 考 文 献 ……………………………………………………………… 189
索　　 引 ……………………………………………………………… 191

第Ⅰ部

1次元データの分析

第1章

度数分布表とヒストグラム

第1章では，データの全体像を捉えやすくする方法について説明する。具体的には，
- 度数分布表・ヒストグラムの作成手順
- ヒストグラムの見方
- 度数分布表における階級の構成方法

について，基本的な考え方を述べる。

1.1 全体を把握する方法の模索

▶ 1.1.1 データ：都道府県別小学校数

例として，都道府県別の小学校数がどのようにまとめられるかを考える。表 1–1 には，2010 年 5 月 1 日における，都道府県別の小学校数が示されている。これら 47 個の数字から，どのような特徴が読み取れるだろうか。

■表 1–1　都道府県別小学校数（2010 年 5 月 1 日現在）

番号	都道府県	小学校数	番号	都道府県	小学校数
1	北海道	1,248	25	滋賀	236
2	青森	347	26	京都	441
3	岩手	394	27	大阪	1,043
4	宮城	455	28	兵庫	812
5	秋田	253	29	奈良	220
6	山形	332	30	和歌山	290
7	福島	513	31	鳥取	147
8	茨城	570	32	島根	246
9	栃木	396	33	岡山	428
10	群馬	343	34	広島	574
11	埼玉	828	35	山口	347
12	千葉	857	36	徳島	266
13	東京	1,370	37	香川	190
14	神奈川	893	38	愛媛	349
15	新潟	534	39	高知	271
16	富山	203	40	福岡	771
17	石川	233	41	佐賀	184
18	福井	210	42	長崎	396
19	山梨	211	43	熊本	429
20	長野	392	44	大分	326
21	岐阜	379	45	宮崎	262
22	静岡	529	46	鹿児島	596
23	愛知	983	47	沖縄	280
24	三重	423	合計		22,000

(単位：校)

資料：総務省統計研修所編 (2012)『日本の統計 2012』表 22–2

■図 1–1 都道府県別小学校数の棒グラフ

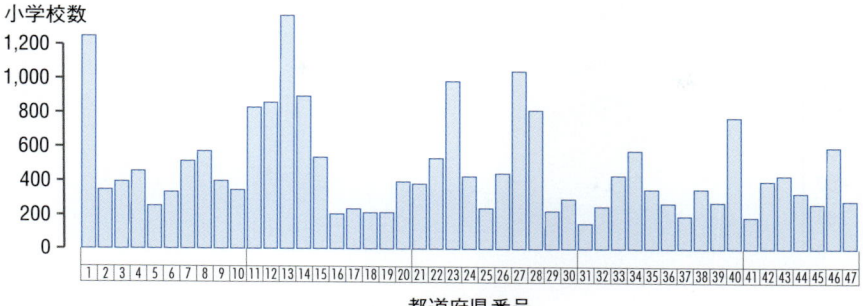

注：横軸は都道府県番号を示す．都道府県番号は表 1–1 を参照のこと．

　表 1–1 から，北海道や東京都，大阪府にかなり多くの小学校があることや，都市部に比較的多くの小学校があることはすぐ分かる．しかし，小学校の数について都道府県全体を見渡してどのような特徴があるかを言いあらわすのは案外難しい．

　それが難しい理由は，よほど慣れている人でない限り，数値を読んだだけではその大小を具体的にイメージしにくいことにある．そこで，視覚的に捉えやすくするために，横軸に都道府県番号，縦軸に小学校数を取り，表 1–1 の都道府県別小学校数を縦棒グラフにする．結果は，図 1–1 に示されている．図 1–1 は表 1–1 よりも都道府県別の小学校数の多寡を分かりやすく示している．

　けれども，数値のイメージが捉えやすくなったとはいえ，都道府県全体の小学校数の特徴を図 1–1 からまとめるのはまだ難しい．その一因は，「小学校数から見て都道府県の全体がどのようにまとめられるか」を考えようとしているにもかかわらず，図 1–1 では（小学校数とあまり関係のない）都道府県番号順に小学校数が並べられているためである．小学校数から見て全体の特徴をまとめたいのであれば，小学校数の順に並べる方がよいだろう．

■ 図 1–2　都道府県別小学校数の昇順の棒グラフ

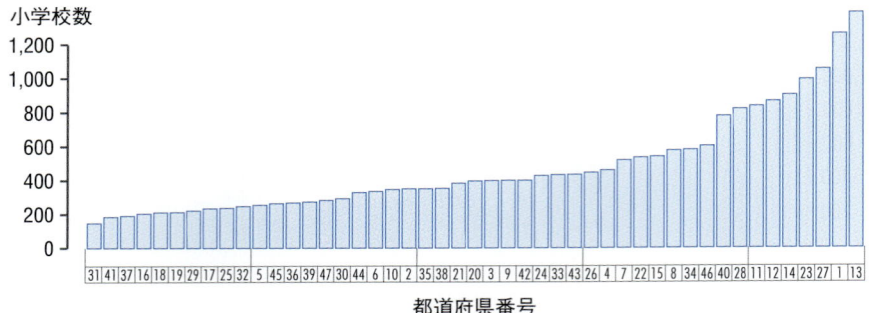

注：横軸の都道府県番号は小学校数の昇順に並べ替えてある。

▶ 1.1.2　並べ替え

図 1–2 は，図 1–1 の数値を昇順（小さい順）に並べたときの棒グラフである。図 1–2 は図 1–1 よりも小学校数から見た都道府県全体の様子を捉えやすくしている。たとえば，域内に 400 校程度を有する県（以降，都道府をふくむ場合にも単に県ということがある）が多いことや，域内の小学校数が 500 以下である県が過半数であることが一目で分かる。

ここで，並べ替えについて一言触れておく。昇順に並べることは簡単に思える。しかし，たった 47 個の数字であっても，手作業で並べ替えるのはかなり面倒である。つまり，データにふくまれるすべての数字の大小関係を把握して並べ替えることには相当の手間がかかる。その見返りとして，並べ替えた結果からデータの特徴がより見やすくなる。並べ替えは統計分析の基本作業の 1 つである。後でも登場する。

■図 1–3　都道府県別小学校数の数直線への打点

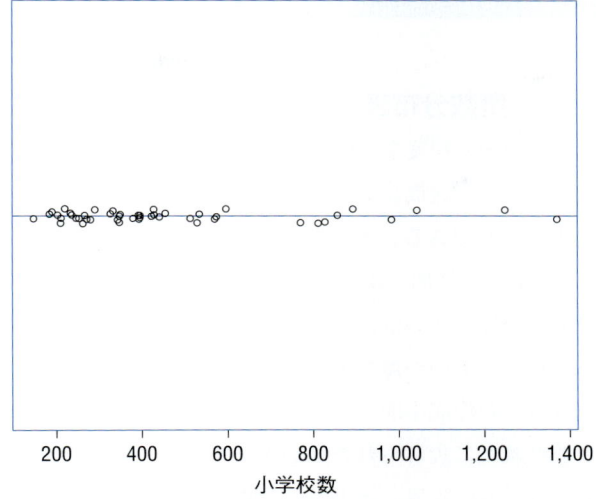

注：点の重なりを避けるため，縦軸方向を若干上下させて打点してある。

▶ 1.1.3　数　直　線

　本題にもどって，分析対象としている小学校数に注目してデータをまとめるという発想をもう少し進めてみよう。

　1つの試みとして，数直線上に小学校数を打点する。図 1–3 は，その結果を示している。図 1–3 からも，200 校から 400 校ぐらいのところに多くの県が集中していることが分かる。小学校数に注目して作図した結果，データの疎密が見やすくなった。ただし，見やすくなったとはいえ，見る人によって疎密の程度の受け取り方が異なる。もうひと工夫して，疎密の程度が客観的に伝わる方法を考えよう。

1.2 度数分布表の作成

▶ 1.2.1 度数分布表とは

データの疎密の程度を数値化する 1 つの方法は，**図 1–3** で示された数直線をいくつかの区間に分割して，1 つ 1 つの区間にふくまれる点の数を勘定することである．差し当たり，区間の幅がすべて等しくなるようにすれば，1 つの区間にふくまれる点が多いほど，その区間は密であり，それが少ないほどその区間は疎であることを意味する．この結果を表形式であらわしたものが**度数分布表**である．

度数分布表の作成手順を具体的に述べる前に，いくつかの用語を準備する．数直線上に設けられた 1 つ 1 つの区間を**階級**とよぶ．1 つの階級は，下限（下側の限界）と上限（上側の限界）によって決まる．ここでは，下限は「A より大きい（A はふくまない）」，上限は「B 以下（B をふくむ）」であらわすことにする．たとえば，ある階級の下限が 100 で上限が 200 であれば，100 よりも大きく 200 以下の値がふくまれるような階級をあらわす．階級は，どの個体（都道府県）もいずれかの階級に 1 回だけふくまれるように構成しなければならない．そのためには，階級で規定される区間に重複がないように，かつ，**表 1–1** にあらわれたどの数値もどこかの階級にふくまれるようにしなければならない．

階級の下限から上限までの幅を**階級幅**とよぶ．下限を「より大」で，上限を「以下」で，というここでの約束のもとでは，階級幅は上限と下限との差に等しい．

階級にふくまれる個体（都道府県）の数を**度数**とよぶ．「どの個体もいずれかの階級に 1 回だけふくまれる」という条件のもとでは，度数の合計は対象集団全体（全国）にふくまれる個体（都道府県）の総数に等しくなる．

おのおのの階級の度数を総度数で割った値を**相対度数**とよぶ．相対度

数はパーセントであらわされることもある。相対度数は，各階級が全体に占める割合をあらわす。

相対度数を階級幅で割った値を**密度**とよぶ[1]。これは，ある階級において，その階級の幅1単位（1校）当たりに全体のどのくらいの割合の個体（都道府県）がふくまれているか，をあらわす。少々捉えにくい概念であるけれども，第1.3節で解説するヒストグラムの作成に有効に活用される。

▶ 1.2.2 度数分布表の作り方

つぎに，度数分布表の作成手順を述べる。

1. 階級を構成する。
2. 度数を求める（階級にふくまれる個体を勘定する）。
3. 度数から相対度数や密度などを計算する。
4. 表形式にまとめる。

もっとも大切でしかも難しいのは，階級を構成する作業である。第1.5節で詳述する指針を参考に，データの特徴をもっともよく反映できるように階級を構成する。ひとたび階級が構成されれば，度数・相対度数・密度を計算して表にまとめることは機械的な作業になる。

表1-2は，第1階級を「100より大で200以下」，第2階級を「200より大で300以下」，以下，階級幅を100校とした場合の度数分布表を示す。度数は，**表1-1**で示した小学校数で求める。たとえば，第1階級（100–200の階級）には，鳥取県（147校）と香川県（190校），佐賀県（184校）が属するので度数3である。

相対度数は，おのおのの階級の度数を総度数47で割って求める。小数点以下第3位を四捨五入しているため，相対度数の合計は1にならないこともある（丸めの誤差）。その場合，無理に数値を調整して合計を1にする必要はない。

密度は，おのおのの階級の相対度数をその幅（この場合はすべての階

---

[1] 密度の概念については，Freedman 他 (2007) 38–41 ページ を参照した。

■表 1–2　都道府県別小学校数の度数分布表（階級幅 100）

階級番号	下限（より大）	上限（以下）	度数	相対度数	密度
1	100	200	3	0.06	0.0006
2	200	300	13	0.28	0.0028
3	300	400	11	0.23	0.0023
4	400	500	5	0.11	0.0011
5	500	600	6	0.13	0.0013
6	600	700	0	0.00	0.0000
7	700	800	1	0.02	0.0002
8	800	900	4	0.09	0.0009
9	900	1,000	1	0.02	0.0002
10	1,000	1,100	1	0.02	0.0002
11	1,100	1,200	0	0.00	0.0000
12	1,200	1,300	1	0.02	0.0002
13	1,300	1,400	1	0.02	0.0002
		合　計	47	1.00	—

資料：表 1–1

級で 100）で割った値である。表 1–2 から，第 2 階級（100–200 の階級）で密度が最高になり，階級の番号が大きくなるにしたがって密度が低くなる傾向がうかがえる。とくに，図 1–3 では集中箇所（200 校から 400 校ぐらいのところ）を示せるだけだったのが，表 1–2 によれば，集中箇所と集中の程度（その区間内に属する県が 24）とが容易に分かる。

1.3　ヒストグラムの描き方

　表 1–2 を視覚的にあらわしたものがヒストグラムである。表 1–2 に対応するヒストグラムは，横軸に小学校数，縦軸に密度を取り，1 つの階級の相対度数がその階級に対応する柱の面積に等しくなるように描いた柱状グラフである。柱の隙間を空けずに描くのが原則である。図 1–4

■図1–4　都道府県別小学校数のヒストグラム

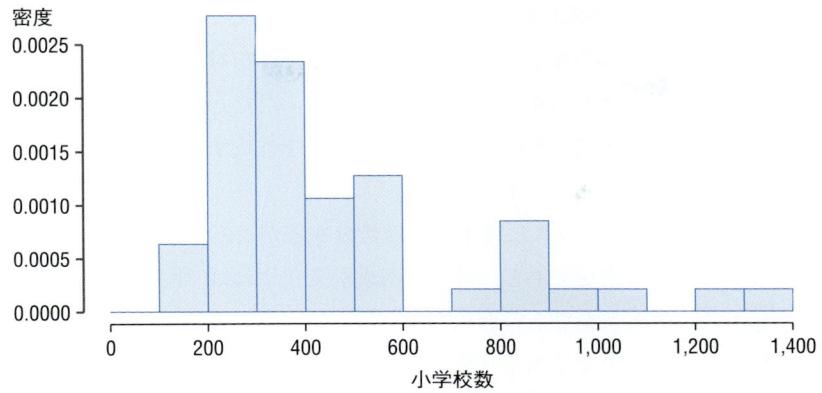

注：柱の左端はその値をふくまず（より大），柱の右端はその値をふくむ（以下）。
資料：表1–2

は，表1–2に対応するヒストグラムを示す。図1–4から，都道府県別の小学校数が200校から400校の間に集中していることや250校のあたりでヒストグラムの高さが頂点に達すること，横軸を右に進むほど密度が小さくなる傾向があること，などが読み取れる。グラフで視覚的にあらわすことによって，度数分布表（表1–2）に示された集中の度合い（密度）がより捉えやすくなった。

　ヒストグラムにおいては，おのおのの柱の面積が，対応する階級の度数に比例するのが原則である。密度を縦軸とすれば，この原則はおのずと成り立つ。なぜなら，おのおのの階級の密度は，相対度数を階級幅で割って求めてあるので，柱の横の長さ（階級幅）と縦の長さ（密度）の積である面積は相対度数に等しくなるからである。柱の面積が相対度数（構成比）に等しいから，柱の面積の合計は1になる。

　しかし，密度は必ずしも見やすいものではない。表1–2では，どの階級の幅も100校で同じになっている。このため，おのおのの階級の密度

は度数に比例する．結果的に，表 1–2 に対応するヒストグラムを作成するときには，度数をそのまま縦軸に取っても，図 1–4 と見た目の印象（柱の相対的な高低）が同じ柱状グラフがえられる．このことから，階級幅が一様な度数分布表については，度数または相対度数をそのまま縦軸としてヒストグラムを作成することも多い．ただし，異なる階級幅が混在する度数分布表に対応するヒストグラムを作成するときには，密度を縦軸とするのが安全である．

1 つのヒストグラムには 1 つの度数分布表が対応する．このことを意識することは大切である．階級の構成が変化すれば，度数分布表が作り直され，ヒストグラムの形状も変わる．したがって，どのように階級を構成するかが重要である（第 1.5 節参照）．

1.4　ヒストグラムの見方

ヒストグラムを描いたら，つぎの 4 点を必ず確認する．すなわち，(1) 峰の数，(2) 左右の対称性，(3) ヒストグラムの中心の位置，(4) 中心の位置からのバラツキ，である．図 1–4 でこれらの点を確認しながら，それらに注目する理由を説明する．

▶ 1.4.1　峰 の 数

峰とは，前後の柱よりも高い柱の頂点を指す．図 1–4 によれば，横軸の値が 250 校ぐらいのところに際立った峰がある．この他，見方によっては，850 校ぐらいのところにも低い峰がある．ただし，前者に比べると後者はかなり低く，階級の構成の仕方によっては消えてしまいそうに見える．前者のみを峰と認めるならば，図 1–4 にあらわされたヒストグラムは単一の峰をもつ．峰が 1 つの度数分布を**単峰分布**とよぶ．

これに対して，峰が複数の度数分布を**多峰分布**とよぶ．とくに，峰が 2 つの度数分布を**双峰分布**とよぶ．

峰の数に注目する理由は，対象集団の同質性が反映されるからである。峰が複数あるときには，対象集団が異質な小集団からなる可能性が高い。たとえば，小学校 1 年生 50 人と小学校 6 年生 50 人とを区別せずに 100 人の集団とみなして身長のヒストグラムを描けば，双峰分布となるだろう。成長期では，年齢が身長に大きな影響をおよぼす。そのような場合には，年齢によって集団を同質的な小集団，つまり，小学校 1 年生と小学校 6 年生とに分けた方が分析しやすい。

　この他，峰の出方を見ることによって測定値の信頼性を判断できることがある。この点については，「コラム：就労年数の分布」（19 ページ）に実例を示す。

　峰の数を調べるには，ヒストグラムが簡便で有効な手段である。ヒストグラムを描いたらまず調べるべき点である。

　ただし，ヒストグラムから峰の数を判断するのが難しいこともある。その理由は，ヒストグラムの形状が度数分布表における階級の構成に左右される上に，峰の有無の判断が主観的ともいえるためである。たとえば，**図 1–4** を単峰分布と見るか双峰分布と見るかについては，意見が分かれるであろう。日本の人口が都市部に集中しているので，都市部とそれ以外の地域とに分割した方が分析がしやすいとも考えられる。しかし，本書では，際立った峰は 1 つだけであることを理由に，**図 1–4** にあらわされた度数分布を単峰とみなすことにする。

▶ 1.4.2　左右の対称性

　つぎの確認事項は，左右の対称性である。**図 1–4** のヒストグラムは左右対称ではない。峰が左側に寄っていて，分布の右裾が長くなっている。このようなヒストグラムの形状を**右に歪んだ分布**とよぶ。裾の長い方向に合わせて歪みの左右が形容されることに注意しよう。

　左右の対称性が重要な理由は，第 3 章で説明する代表値に影響をおよぼすためである。その説明は第 3 章に譲り，ここではその事実を指摘しておくにとどめる。

1.4.3 中心の位置とバラツキ

残りの確認事項であるヒストグラムの中心の位置と中心の位置からのバラツキとの組み合わせによって、ヒストグラムの存在範囲があらわされる。図 1–4 に即していえば、中心の位置は 400 校ぐらいであり、そこから ±200 校ぐらいの範囲に大半の県がふくまれていることが分かる。

ヒストグラムの中心の位置と中心の位置からのバラツキについては、見た目の印象よりは統計データから計算された値で捉えることが多い。それらの計算方法については第 3 章と第 4 章で説明する。

1.5 階 級 の 構 成

1.5.1 階級構成の度数分布への影響

階級の構成が度数分布表とヒストグラムとにどのような影響をおよぼすかを確かめるために、表 1–2 とは異なる階級をもつ度数分布表を作成し、それらに対応するヒストグラムを描くことにする[2]。1 つは、階級幅を 50 校として、第 1 階級の下限–上限を 0–50、第 2 階級のそれを 50–100、以下同様に階級を構成する。もう 1 つは、階級幅を 300 として、第 1 階級の下限–上限を 0–300、第 2 階級のそれを 300–600、以下同様に階級を構成する。表 1–2 との関係を明示するため、これを再録して 3 つの度数分布表を一覧する。紙面の節約のため、下限・上限と度数のみを掲載する。表 1–3 は 3 つの度数分布表を示す。図 1–5 はそのそれぞれに対応するヒストグラムを示す。

表 1–3 は、(a) 階級幅 50 校から (b) 階級幅 100 校、(c) 階級幅 300 校と進むにしたがって、度数分布表にふくまれる情報が減っていくことをあらわす。たとえば、表 1–3 (a) から表 1–3 (b) は作成可能であるけれども、逆は不可能である。もし、度数分布表にたくさんの情報を保持し

---

[2] ここの説明は、森田・久次 (1993) 19–20 ページ を参考にした。

■表1–3　階級構成の変更と度数分布表の変化

(a) 階級幅 50 校		(b) 階級幅 100 校		(c) 階級幅 300 校	
下限–上限	度数	下限–上限	度数	下限–上限	度数
0– 50	0				
50– 100	0	0– 100	0		
100– 150	1				
150– 200	2	100– 200	3		
200– 250	7				
250– 300	6	200– 300	13	0– 300	16
300– 350	6				
350– 400	5	300– 400	11		
400– 450	4				
450– 500	1	400– 500	5		
500– 550	3				
550– 600	3	500– 600	6	300– 600	22
600– 650	0				
650– 700	0	600– 700	0		
700– 750	0				
750– 800	1	700– 800	1		
800– 850	2				
850– 900	2	800– 900	4	600– 900	5
900– 950	0				
950–1,000	1	900–1,000	1		
1,000–1,050	1				
1,050–1,100	0	1,000–1,100	1		
1,100–1,150	0				
1,150–1,200	0	1,100–1,200	0	900–1,200	2
1,200–1,250	1				
1,250–1,300	0	1,200–1,300	1		
1,300–1,350	0				
1,350–1,400	1	1,300–1,400	1		
1,400–1,450	0				
1,450–1,500	0	1,400–1,500	0	1,200–1,500	2
合　計	47	合　計	47	合　計	47

注：たとえば，0–50 は「0 より大で 50 以下」であることをあらわす。
資料：表 1–1

■図 1–5　都道府県別小学校数のヒストグラム（階級構成の相違の影響）

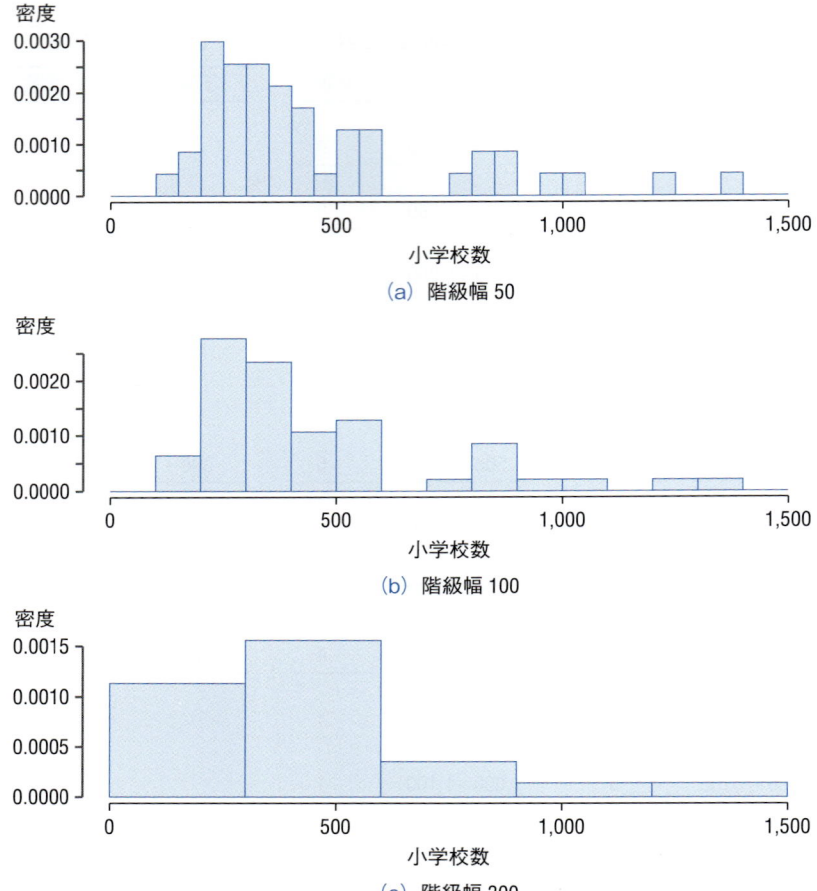

注：柱の左端はその値をふくまず（より大），柱の右端はその値をふくむ（以下）。
資料：表 1–3

たいのであれば，階級幅を狭くするのがよい。また，階級を構成して密度を計算したそもそもの動機は，データの疎密（階級ごとの密度の相違）を捉えることにあった。階級幅を広くしすぎると，階級内の疎密の違いが

無視されてしまう。その観点から，階級幅はあまり広すぎない方がよい。

他方，ヒストグラムの滑らかさという観点からは，階級幅がある程度広いことが望ましい。図 1–5 は，(a) 階級幅 50 校から (b) 階級幅 100 校，(c) 階級幅 300 校と進むにしたがって，ヒストグラムの形状が滑らかになっていくことをあらわしている。ここで，滑らかとは，ヒストグラムの 1 つ 1 つの柱の頂点を小さい階級から直線で結んだとき，その形状が滑らかであるということである。ヒストグラムの形状が滑らかな方が頂点の数や分布の対称性，中心の位置，中心の位置からのバラツキは捉えやすくなる。したがって，分布全体の特徴をつかみやすくするには，階級幅を広くするのがよい。

ヒストグラムを描いた目的，つまり，小学校の数という面から都道府県全体の様子を捉えるという目的からすると，分布の特徴が捉えやすいようにヒストグラムの形状が滑らかであることが望ましい。図 1–5 (a) は階級の構成が細かすぎて，分布全体の様子が捉えにくい。その一方で，あまりにも階級幅が広すぎると，もともとの統計データにふくまれていた情報の多くを失うことになる。表 1–3 (c) は表 1–3 (b) と比べて多くの情報を失っている。対応するヒストグラム図 1–5 (c) も図 1–5 (b) と比べて大雑把な印象をあたえる。

▶ 1.5.2　階級をどのように構成すべきか

階級の構成は，これら 2 つの相反する要求を妥協させるように決められる。もともとの要求が相反しているので，正解が見つけにくい。実際，階級をどのように構成するかは理論的な難問とされる。コンピューターのおかげでヒストグラムを描くことが容易になった現在では，階級構成を変えていくつかのヒストグラムを描き，ある程度滑らかで，かつ，情報の損失が小さそうなものを選ぶのが実際的な解決策である。都道府県別の小学校数に関しては，図 1–5 (b)，したがって，表 1–3 (b) は合理的な選択の 1 つである。

2 つの相反する要求に応えるための発展的な方法として，データの疎密

■図 1–6　都道府県別小学校数のヒストグラム（異なる階級幅の混在）

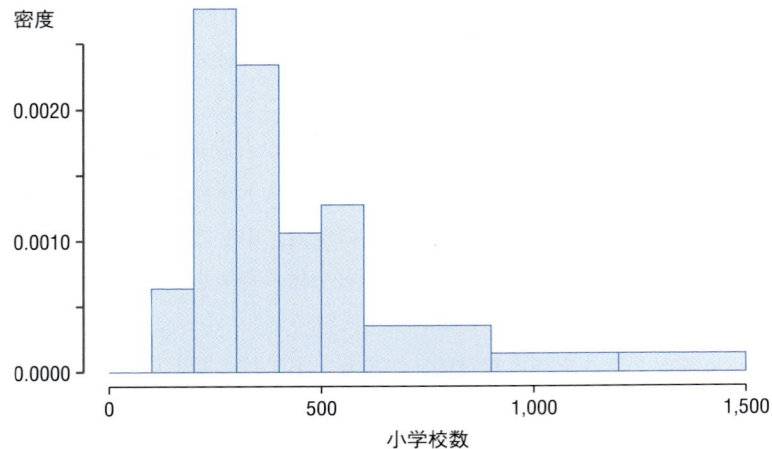

注：柱の左端はその値をふくまず(より大)，柱の右端はその値をふくむ(以下)。
資料：表 1–3

に応じて階級幅を変更する対処方法がある。図 1–3 で見たとおり，0–600 の区間には都道府県が密にあるのに対し，600–1,400 の区間には都道府県が疎にしかない。データが密にある区間では，階級幅を狭くしてもヒストグラムは滑らかになるだろう。また，データが疎な区間では，階級幅を広くしても，もともとデータが疎であるので，失われる情報も少ないであろう。そこで，たとえば，600 校までは表 1–3（b）と同じ階級，600 校より多いところでは表 1–3（c）と同じ階級をもちいて 1 つの度数分布表とする。図 1–6 は，それに対応するヒストグラムを示す。図 1–4 に比べて，情報の損失もそれほどなく，より滑らかなヒストグラムがえられた。

　ただし，あまりにも複雑な階級構成は度数分布表を読みづらくする。ときには，誤解すら生む。階級幅は，見やすい区切りで，なるべく一様にするのがよい。

❖ コラム：就労年数の分布

ヒストグラムからデータの精度が判断できる場合がある。その例として，Japanese General Social Survey（JGSS）2008 年からえられる，就労年数に関する回答データを取り上げる。

図 1–7 は，就労年数ごとの（つまり，階級幅を 1 年とした）ヒストグラムを示している。就労年数が長くなるにつれて，末尾が 0 と 5 の部分へ集中する傾向が強まる。その理由は容易に想像できる。つまり，就労年数が長くなるにつれて，多くの回答者が末尾を 0 または 5 に丸めて「だいたいの就労年数」を答えているのであろう。記憶ではなく，記録にもとづいた回答なら，こうした集中はないはずである。

ここで述べたいことは，データが不正確だから調査結果に意味がないということではない。分析の際に，そうしたデータのクセを意識する必要があるということである。たとえば，このデータを使って就労年数が賃金におよぼす影響を調べようとするときに，就労年数の 1 年の増加の効果を測るのは困難である。しかし，5 年間隔で分析する，たとえば，就労年数 8–12 年のグループと 13–17 年グループとを比べるのであれば，データのクセに即した結果が導けるであろう。本格的な分析の前に，ヒストグラムでデータの信頼性を確かめるのは有効である。

なお，この結果は，東京大学社会科学研究所附属社会調査・データアーカイ

■図 1–7　就労年数に関する回答のヒストグラム

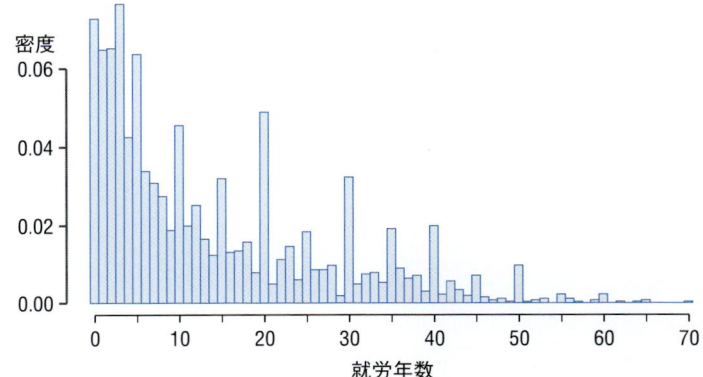

資料：Japanese General Social Survey 2008 年

ブ研究センター SSJ データアーカイブのリモート集計システムを利用し，同データアーカイブが所蔵する日本版 General Social Surveys（JGSS-2008）の個票データを 2 次分析したものである。

練習問題

1.1　表 1–4 には，2010 年 5 月 1 日現在における都道府県別中学校数・高等学校数・大学（4 年制）数が示されている。中学校・高等学校・大学別にヒストグラムを作成しなさい。ヒストグラムからどのような特徴が読み取れるかを述べなさい（図 4–5 参照）。

1.2　就労年数に関する回答のヒストグラム（図 1–7）を，回答のクセに配慮した階級幅で描き直しなさい。

■表 1-4　都道府県別中学校数・高等学校数・大学数（2010 年 5 月 1 日現在）

番号	都道府県	中学校数	高等学校数	大学数
1	北海道	677	309	36
2	青森	174	86	10
3	岩手	193	82	5
4	宮城	224	102	14
5	秋田	132	63	6
6	山形	120	68	5
7	福島	246	113	8
8	茨城	244	131	9
9	栃木	175	80	9
10	群馬	178	81	14
11	埼玉	449	200	30
12	千葉	406	189	28
13	東京	822	435	138
14	神奈川	479	236	28
15	新潟	242	107	18
16	富山	83	61	5
17	石川	102	60	12
18	福井	85	39	4
19	山梨	103	46	7
20	長野	199	104	8
21	岐阜	201	82	12
22	静岡	294	144	14
23	愛知	438	222	51
24	三重	184	77	8
25	滋賀	107	58	8
26	京都	204	105	31
27	大阪	534	265	55
28	兵庫	397	217	42
29	奈良	119	53	10
30	和歌山	142	50	3
31	鳥取	65	31	2
32	島根	106	50	2
33	岡山	174	91	17
34	広島	279	133	22
35	山口	179	83	10
36	徳島	97	42	4
37	香川	84	42	4
38	愛媛	143	69	5
39	高知	137	48	3
40	福岡	375	165	34
41	佐賀	103	45	2
42	長崎	210	83	10
43	熊本	190	88	10
44	大分	142	65	5
45	宮崎	148	57	7
46	鹿児島	267	95	6
47	沖縄	163	64	7
合計		10,815	5,116	778

(単位：校)

資料：総務省統計研修所編『日本の統計 2012』表 22-2

1.5 階級の構成

第2章

累積度数分布と分位点

　第2章では，分布のもう1つの表現方法である累積度数分布について説明する。累積度数分布と密接に関係する分位点についても解説する。具体的には，
- 累積度数分布関数の作成手順
- 累積度数分布関数の見方とヒストグラムとの関係
- 分位点とその累積分布関数からの読み取り方

について述べる。

2.1 累積度数分布

▶ 2.1.1 累積度数とは

都道府県別の小学校数をあらわした表 1–1 にもどる。今度も，目的は小学校数という面から都道府県全体の様子を捉えることにある。

第 1.1 節で，小学校数による並べ替えが上記の目的に有効である感触をえた。実際，第 1 章で説明した度数は，小学校数を昇順に並べ替えて，下限・上限の間にある県の個数を勘定すれば求められる。そこで，第 2 章では，この並べ替えを利用して小学校数全体の様子を捉える別の方法を考える。

表 1–1 の小学校数を昇順に並べ替えれば，表 2–1 のようになる。当然のことながら，147 校以下の小学校をもつ県数は 1 で，184 校以下の県数は 2，190 校以下の県数は 3，…，1,248 校以下の県数は 46，1,370 校以下の県数は 47 となる。

いま，t をあたえられた数として，「t 校以下の小学校をもつ県の数」を勘定する。t を小さい方から大きい方に変化させると，対応する県数も変化する。順に説明すれば，以下のようになる。

1. t が 147 より小さい場合（負の数もふくむ）に対応する県数は 0 である。
2. t が 147 以上で 184 未満の場合に対応する県数は 1 である。
3. t が 184 以上で 190 未満の場合に対応する県数は 2 である。
4. 以下，同様に考えれば，t が 1,370 になったときに対応する県数が 47 となる。後は t がどれだけ大きくなっても対応する県数は 47 のままである。

このように，さまざまに変化した t に「t 校以下の小学校をもつ県の数」を対応させたものを **累積度数** とよぶ。累積度数を都道府県数で割って，さまざまな t に「t 校以下の小学校をもつ県の割合」を対応させたもの

■表2–1　昇順に並べ替えた都道府県別小学校数

147	184	190	203	210	211	220	233	236	246
253	262	266	271	280	290	326	332	343	347*
347*	349	379	[392]	394	396*	396*	423	428	429
441	455	513	529	534	570	574	596	771	812
828	857	893	983	1,043	1,248	1,370			

注：＊印は同点を，[ ] は昇順で 24 番目をあらわす．
資料：表 1–1

を**累積相対度数**とよぶ．累積度数の最大値が対象集団にふくまれる個体の総数（集団の大きさ）に影響されるのに対して，累積相対度数の最大値はそれに影響されない．累積相対度数は，大きさの異なる対象集団を比較するときにも便利である．以降は，累積相対度数を中心に説明する．

2.1.2　分布関数

累積相対度数を図示するために，表 1–1 にもとづいて，横軸に t を，縦軸に「t 校以下の小学校をもつ県の割合」（累積相対度数）を取ったグラフを描く．図 2–1 はそのグラフを示す．

図 2–1 では，横軸 t の値に応じて縦軸の値が 1 通りに定まる．つまり，このグラフは t の関数をあらわしている．このことから，図 2–1 を累積分布関数，または単に**分布関数**とよぶ．関数であることから，分布関数を $F(t)$ と書く．

2.1.3　分布関数の基本的な性質

図 2–1 にもとづいて，分布関数の性質を説明する．

t の値が最少の小学校数（147 校）よりも小さいとき，縦軸の値は 0 となる．たとえば，$t = 140$ の場合，140 校以下の小学校をもつ県はないので，縦軸の値は 0 となる．t が最少の小学校数に等しくなったところで，縦軸の値が $1/47$（約 0.02）になる．

■図 2–1　都道府県別小学校数の分布関数

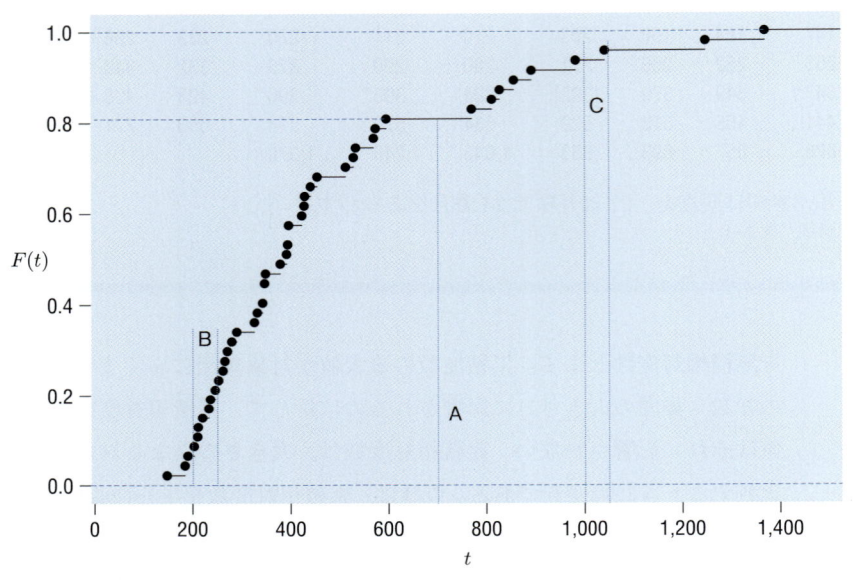

注：図中の A，B，C については本文を参照のこと。
　　縦軸 $F(t)$ は，t 校以下の小学校をもつ県の割合（累積相対度数）を示す。
資料：表 1–1

そこから，t が 2 番目に少ない小学校数（184 校）になる手前まで，縦軸の値は 1/47 のままである。t が 2 番目に少ない小学校数に等しくなったところで，縦軸の値が 2/47（約 0.04）になる。

以下，同様にして，そのつぎに少ない小学校数のところで縦軸方向にジャンプし，昇順でそのまたつぎに少ない小学校数のところまで縦軸の値が一定となる。同点の場合（347 校，および，396 校の 2 箇所），ジャンプの幅が 2/47 となる。

t が最多の小学校数（1,370 校）に等しくなったところで縦軸の値は 1.00 になる。それよりも大きな t については，縦軸の値はずっと 1.00 である。たとえば，$t = 1380$ 以下の小学校数をもつ県の割合が 1.00 である。

結果的にえられる分布関数は，図 2-1 のように，階段状になる。図 2-1 では，階段の左端がふくまれることを黒丸で強調している。これは，累積相対度数を「t 校以下の小学校をもつ県の割合」と定義したことによる。

分布関数についての最後の基本性質として，分布関数は右下がりにはならないことがあげられる。このことは定義から明らかである。異なる t の値，たとえば，300 と 350 とを比べた場合，「300 校以下」の部類に入る県は，自動的に「350 校以下」の部類に入る。したがって，「350 校以下」の部類にふくまれる県数は「300 校以下」の部類にふくまれる県数よりも少なくはならない。

▶ 2.1.4 補　足

注意深く考えれば，小学校数を昇順に並べ替えなくても，「t 校以下の小学校をもつ県の数」は 1 通りに決まることがわかる。言い換えれば，累積度数や累積相対度数，分布関数は並べ替えを経ずとも求められる。しかし，昇順に並べ替えた小学校数を想起すると，累積度数や分布関数の性質が理解しやすい。そこで，昇順の並べ替えにもとづいて説明することとした。

昇順の並べ替えを意識すると理解しやすくなることは，度数分布表やヒストグラムにも当てはまる。たとえば，表 1-2 の第 1 階級（100 校より多く 200 校以下）には，昇順に並べた場合の 1 番目から 3 番目までの 3 県が属し，第 2 階級（200 校より多く 300 校以下）には，4 番目から 16 番目までの 13 県が属する。第 1 階級の 3 県の小学校数の大小関係については，度数分布表だけから判別できない。しかし，これら 3 県の小学校数が第 2 階級に属する 13 県の小学校数よりも少ないことは断定できる。このように，度数分布表を大雑把な並べ替えの結果とみなすこともできる。このような見方は，分布関数とヒストグラムとの関係を説明するときに役立つ。

2.2 分布関数の見方

2.2.1 横軸から出発して縦軸の値を読む

分布関数（図 2–1）から，都道府県別の小学校数の分布について，以下のことが読み取れる．

まず，通常の関数の見方として，横軸 t から出発して縦軸の値を読めば，その t の値以下の小学校数をもつ都道府県が全体のうちどのくらいの割合を占めるのかが分かる．たとえば，図 2–1 の A で示されているように，$t = 700$ のときの縦軸の値（約 0.8）を読めば，700 校以下の小学校数をもつ県が全体の 8 割程度を占めることが分かる．

2.2.2 分布関数の傾斜とヒストグラムとの対応

つぎに，図 2–1 の傾斜に注目する．分布関数の傾斜は，データの疎密に対応する．狭い区間に県が集中している（密な）ところでは傾斜が急になる．そうでない（疎な）ところでは傾斜が緩くなる．

たとえば，図 2–1 の B で示されているように，t の値が 200 から 250 に増加すると，横軸で 200 より大きく 250 以下の区間にふくまれる 7 県に相当する割合 7/47（約 0.15）だけ縦軸の値が増加する．全体の約 15% の割合を占める県が 50（$= 250 - 200$）の区間に集まっているために，累積相対度数が急増する．つまり，分布関数の傾斜が急になる．

これに対して，図 2–1 の C に示されているように，t の値が 1,000 から 1,050 に増加するときは，横軸で 1,000 より大きく 1,050 以下の区間にふくまれる県は 1 つしかないため，割合が 1/47（約 0.02）となり，分布関数の傾斜が緩くなる．

分布関数の傾斜が小学校数の疎密に対応するので，図 2–1 から，都道府県別の小学校数について以下のことが分かる．

1. ほとんどの県が 600 校以下の部分に集中している．

2. とくに，300 校近辺にもっとも多く集中している。
3. 少数の県が 600 校よりも多くの小学校をもつ。

これらは，ヒストグラム（図 1–4）から捉えた特徴と似ている。

分布関数の傾斜はヒストグラムの縦軸にあらわれた密度に相当する。実際，分布関数の傾斜は，横軸に 1 つの区間を設け，その区間における縦軸の増加分をその区間の長さで割って求める。この場合の縦軸の増加分は累積相対度数の差，つまり，相対度数である。これをその区間の長さで割るのだから，密度の計算と同じである。図 2–1 と図 1–4 とを並べて見比べれば，前者の傾斜の急・緩と後者の柱の高・低とが対応していることが分かる。

▶ 2.2.3　分布関数とヒストグラムの柱の面積との対応

分布関数とヒストグラムとのもう 1 つの対応関係は以下のようにあらわせる。すなわち，ある値 t に対応する分布関数の値（累積相対度数）は，その t の値でヒストグラムを左右に分割したときの左側（t 以下の部分）の柱の面積（相対度数）の合計にほぼ等しい。

たとえば，度数分布表（表 1–2）の第 2 階級の上限 300 を t の値とすれば，図 2–1 における分布関数の縦軸の値 $16/47$（約 0.34）は，図 1–4 において 300 校以下に当たる左側 2 つ（第 1 階級と第 2 階級）の柱の面積（相対度数）の和 $3/47 + 13/47 = 16/47$ と等しくなる。このことは，$t = 300$ における累積相対度数の定義「300 校以下の小学校をもつ県の割合」と，第 1 階級（または第 2 階級）の相対度数の定義「100–200（または 200–300）校の小学校をもつ県の割合」とを合わせれば，当然成り立つ。

ただし，t が階級の上限でない場合には，t に対応する分布関数の値と，t で分割されたヒストグラムの左側の柱の面積の合計とが，正確には等しくならない。たとえば，$t = 250$ とした場合，図 2–1 における分布関数の縦軸の値が $10/47$（約 0.21）であるのに対して，図 1–4 を $t = 250$ でヒストグラムを分割したときの左側の柱の面積の合計は $3/47 + (1/2) \times 13/47$

（約 0.20）となる．不一致の理由は，度数分布表（表 1–2）では，第 2 階級における 13 県の小学校数の値が正確には分からないために，これがあたかも 200–300 の区間で均等に散らばっているかのように想定して，第 2 階級の柱を 2 等分しているためである．けれども，階級内における県の分布が極端に偏っていなければ，不一致の程度はわずかであろう．

分布関数は，データがあたえられれば 1 つに定まる．この点で，階級の構成に形状が左右されるヒストグラムよりも客観的である．反面，分布関数の傾斜から峰の位置・数を捉えるのは難しい．この点では，ヒストグラムが勝る．

度数分布表（ヒストグラム）も累積相対度数（分布関数）も，分布を表現するための基本的な方法である．ヒストグラムを見て分布関数を思い浮かべ，分布関数を見たらヒストグラムを頭の中で描き，両者を自在に往来できるほど慣れることが大事である．

2.3　分位点

▶ 2.3.1　分位点とは

分布のもう 1 つの表現方法として分位点もよく使われる．分位点の一種であるパーセント点（％点）はつぎのように定義される．0 より大きく 100 より小さい値 P をあたえ，下位 P ％のところに位置する小学校数を P ％点とよぶ．言い換えれば，小学校数を昇順に並べ替え，小さい方から勘定して個体数全体の P ％のところに当たる小学校数が P ％点である．100 等分以外の分割もありえるので，一般に分位点とよぶ．

「下位 P ％のところ」をきちんと決めるのは意外と難しい．たとえば，表 1–1 の都道府県別小学校数データで 10％ 点を求めてみよう．素朴に考えれば，下位 10％ であるから，昇順で $47 \times 0.1 = 4.7$ 番目の値がそれに当たる．しかし，4.7 は整数でない．妥協案として，4.7 を四捨

■表2–2　都道府県別小学校数のパーセント点

P	10%	25%	50%	75%	90%
パーセント点	210	262	392	570	893

資料：表1–1

五入して昇順で5番目の値を10%点とすることが候補となる。自然に思えるけれども，完璧ではない。なぜなら，「下位10%点 = 上位90%点」であるから，同じ考え方で上位90%点を求めると $47 \times 0.9 = 42.3$ であることから，降順（大きい順）で42番目となる。つまり，昇順で6番目となってしまう。これでは辻褄が合わない。

1つの解決策は，a を「昇順の順位が初めて10%以上になる小学校数」，b を「降順の順位が初めて90%以上になる小学校数」として，$(a+b)/2$ を（下位）10%点とすることである。こうすれば，表1–1のデータの10%点が，昇順で5番目の値となる。

上の説明は込み入っているよう見える。が，結果は簡単である。つまり，P%点は，

- 都道府県数47の P% が整数でなければ，それを切り上げた整数を昇順の順位とする県の小学校数
- 都道府県数47の P% が整数ならば，その整数と1つ上の整数を昇順の順位とする県の小学校数の平均

である。

P を変化させ，分位点を見ることによって分布の様子が捉えられる。たとえば，表2–2は，$P = 10\%, 25\%, 50\%, 75\%, 90\%$ に対応する都道府県別小学校数のパーセント点を示す。表2–2から，全体の8割が210校から893校の区間に収まり，中央部の5割が262校から570校の区間に収まっていることが分かる。

■図 2-2　分布関数からの 50% 点の求め方

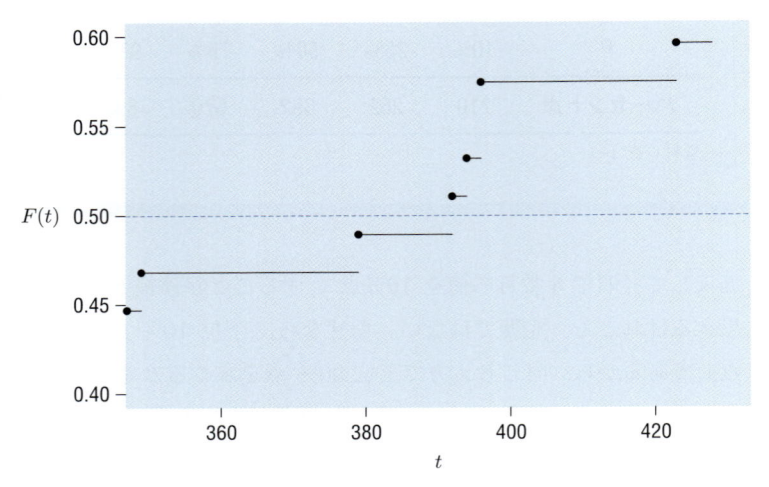

注：図 2-1 の一部の拡大図。

▶ 2.3.2　分布関数の縦軸から出発して横軸を読む

分位点は分布関数と密接に関係する。図 2-1 で示されたグラフにおいて，縦軸の目盛りから出発して，対応する横軸の値を読み取れば，それが分位点である。

たとえば，図 2-1 から 50% 点を求めるには，以下のようにする。50% は縦軸の $0.50 = 50/100$ に当たる。縦軸の 0.50 を通って，横軸に平行な直線を引く。その直線が分布関数を通過する近辺の図を拡大すると図 2-2 になる。図 2-2 から分かるとおり，この直線は，(1) 横軸の区間 379–392，高さ $23/47$（約 0.49）の階段と，(2) 横軸の区間 392–394，高さ $24/47$（約 0.51）の階段との間を通過する。分布関数が $t = 392$ において高さ 0.49 から 0.51 にジャンプするのだから，縦軸の 0.50 には横軸の 392 を対応させる。これが，小学校数の 50% 点になる。なぜなら，昇順の順位が初めて 50% 以上になる小学校数が階段 (2) の左端，降順の順位が初めて 50% 以上になる小学校数が階段 (1) の右端となるからである。

このように，縦軸の $p = P/100$ を通って横軸に平行な直線が，2つの階段の間を通過するときは，上の階段の左端（同じことだが，下の階段の右端）に相当する横軸の値を $P\%$ 点とする。

もし，縦軸の p を通って横軸に平行な直線が，1つの階段の左端から右端までをたまたま通過する場合には，両端の平均を対応させる。たとえば，縦軸の 1/47 を通って横軸に水平な直線は，区間 147–184，高さ 1/47 の階段の左端から右端までを通過するので，区間の両端の平均 $(147 + 184)/2 = 165.5$ を対応させる。

このように約束すれば，$0 < P < 100$ のどの P についても，縦軸の $p = P/100$ から出発して横軸の値が対応する。そして，それは上で定義した $P\%$ 点と等しくなる。

分位点が分布関数から読み取れるので，分位点について改めてグラフを描かなくてもよい。通常は，分布関数を用意すれば事足りる。

練習問題

2.1 表 1–4 の都道府県別大学数について分布関数を作成しなさい。

2.2 上の設問で作成した分布関数の形状と，第 1 章の練習問題で作成したヒストグラムの形状との対応関係を調べなさい。

2.3 都道府県別大学数の 25% 点と，50% 点，75% 点を求めなさい。

第3章

代表値

　第3章では，分布の中心の位置をあらわす代表値について解説する。具体的には，
- なぜ代表値が大切か
- 3種類の代表値の定義と意味
- 3種類の代表値と分布の歪みとの関係

について述べる。

3.1　なぜ代表値が大切か

　ヒストグラムのおおよその位置を1つの数値であらわすとすれば，分布のどこを指定するのが相応しいかを考えよう。いわば，分布全体を1つの値で代表させるのである。

　その際，分布の左端や右端を全体の位置の代表とするのは適切であろうか。たしかに，リレーの選手を選ぶ際は，100メートル走のタイムの早い人たち，つまり分布の左端が候補になる。しかし，クラス全員参加でリレーをするときには，極端に速い人たちだけを観察しても十分ではない。ここで考えている代表は，分布全体の代表，つまり，相場に当たるような，そこそこの値である。

　代表的な値が分かれば，分布全体の様子が分からなくても，その中で自分がどのあたりに位置するかを想像できる。学校で試験をしたとき，多くの受験者が平均点を知りたがる理由は，平均点が分布のおよそ中心に位置することを直感的に理解しているからであろう。また，2つのクラスのテストの得点の優劣を比べるときにも，最高点や最低点よりも，平均点を利用するのが，相場の比較として適切である。

　代表値としては，平均値の他に，最頻値や中央値もよくもちいられる。第3章では3つの代表値について詳しく説明する。

3.2　最　頻　値

　最頻値とは，あたえられたデータからヒストグラムを描いたとき，密度が最高のところ（つまり，柱がもっとも高いところ）に対応する横軸の値である。柱には幅があるので，その中点の値（階級値）を対応させる。

　都道府県別小学校数の最頻値を度数分布表（**表1–2**）によって求めれば，密度が最高の階級は第2階級つまり，200校より大きく（つまり201

校以上）で300校以下の階級になるので，階級の下限と上限の真ん中を取って$(201+300)/2 = 255.5$が最頻値となる。

　ここでは，小学校数が整数しか取らないことを考えて，真ん中を計算するときの下限を201に調整している。もし，連続的に変わりうるデータであったり，整数しか取らなくても桁数が多いために結果に大差がないときには，調整する必要はない。

　なぜ，最頻値を代表値と解釈できるのか。その理由は，密度が高いところには個体がもっとも密集しており，最頻値に近い小学校数をもつ県がもっとも多いからである。つまり，最頻値近辺の小学校数をもつ県が多数派を形成している。多数派の値をもって中心的な値とみなすのである。もし，全国の小学校に一律に適用される政策を都道府県に対して施行する場合，250校程度をモデルケースとして想定することは合理的である。なぜなら，そのような場合がもっとも多いからである。最頻値はそのような用途に役立つ。商品にたとえるなら，売れ筋が最頻値である。

　しかし，作成された度数分布表に最頻値は左右される。つまり，階級の構成が変化すれば，最頻値も変化する。第1章で述べたとおり，どのように階級を構成するかは1通りではない。このため，データが同じであっても，度数分布表の作成の仕方によって最頻値が異なることもある。

3.3　中央値

　中央値とは，50%点のことである。データを昇順に並べたときの真ん中が中央値である。より正確には，昇順の順位が初めて個体総数の半分以上になる個体のもつ値と，降順の順位が初めて個体総数の半分以上になる個体のもつ値との平均である。まさに，分布の中心の値である。

　第2.2節でもちいた説明によって表現すれば，中央値とは，ヒストグラムの面積を左右で2等分したときの横軸の値である。そこからも，分布の中心の位置として自然であることが分かる。

都道府県小学校数（表 1–1）の中央値は 392 校である。これは，データを昇順に並べ替え（表 2–1），24 番目の位置にある値である。なぜなら，全体が 47 都道府県あるので，24 番目で初めて全体の 50%（47/2 = 23.5）以上になるからである。昇順で 24 番目は降順でも 24 番目に当たる。つまり，小学校数が 392 校よりも少ない県が 23，それよりも多い県も 23 ある。

都道府県別の小学校数に関しては，最頻値よりも中央値が大きくなる。これは分布が右に歪んでいることに起因する。このことは第 3.5 節で数値例を使って説明する。

3.4　算術平均

算術平均とは，データの合計を対象集団の個体総数（大きさ）で割った値である。対象集団の全員の持分をいったん回収して，全員に均等配分したときの 1 人当たりの分け前が算術平均である。単に平均とよぶことも多い。

平均が分布の中心の尺度として有用であることは，多くの人が経験的に知っている。試験の平均点が気になる人が多いのは，そのためである。

都道府県別小学校数（表 1–1）の算術平均は，約 468.1 校となる。これは，中央値 392 校よりもずっと大きい。その理由は，分布が右に歪んでいることにある。第 3.5 節で分布の歪みが 3 つの代表値の位置におよぼす影響を考察する。

3.5　分布の歪みの影響

分布の歪みが代表値にどのような影響をあたえるのかを考察する[1]。そのために，以下の簡単な数値例を考える： -3 が 1 つ； -2 が 2 つ； -1

■図3–1 数値例による，分布の歪みの代表値への影響

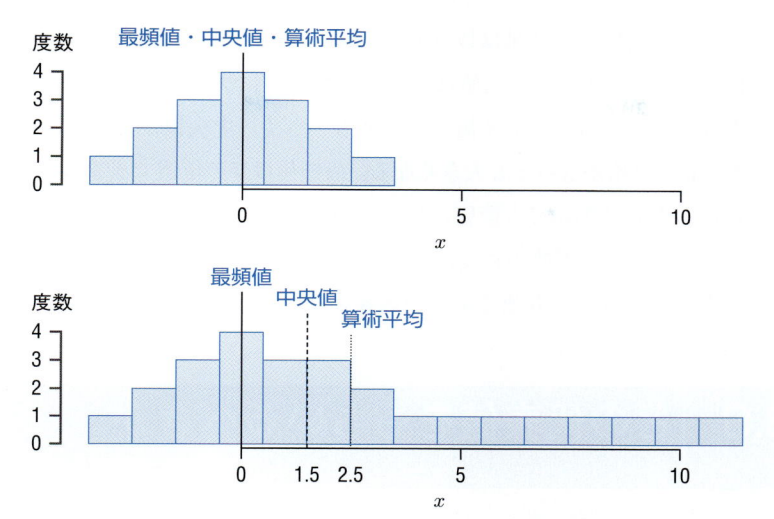

上段：$\{-3, -2, -2, -1, -1, -1, 0, 0, 0, 0, 1, 1, 1, 2, 2, 3\}$ のヒストグラム
下段：上段のデータに，$\{2, 3, \ldots, 11\}$ を追加したときのヒストグラム

が3つ；0が4つ；1が3つ；2が2つ；3が1つ。この数値例の分布は左右対称になり，最頻値・中央値・算術平均はすべて0となる。図3–1の上段に対応するヒストグラムを示す。

いま，この数値例に，さらに2から11までの数を1つずつ付け加える。追加した後の分布は，右に歪んでいる。このとき，最頻値は0になり，中央値は1.5になり，算術平均は2.5になる。分布の右側に数値が追加された結果，中央値は少し大きくなり，算術平均はそれよりもさらに大きくなる。図3–1の下段に対応するヒストグラムを示す。

今度は，さらにもう1つ，43を付け加える。このとき，最頻値は0になり，中央値は2になり，算術平均は4になる。分布の右裾の変化の影

---

1 数値例による歪みの影響の説明については，Freedman 他 (2007) 62–65 ページを参照した。

響は中央値と算術平均の両方におよぶ。とくに，より強い影響が算術平均におよんでいる。

以上の数値例の結果は以下のようにまとめられる。分布がほぼ左右対称であれば，3つの代表値はほぼ同じところに位置する。分布の右への歪みが強くなると，最頻値がもっとも小さく，中央値がそのつぎに小さく，算術平均がもっとも大きくなる。最頻値は峰の位置で決まるので，分布が右方向に歪んでも影響は受けない。中央値は分布の歪みに影響を受けるけれども，影響の程度は算術平均より小さい。3つの代表値の中で，算術平均がもっとも強く歪みの影響を受ける。

3.6 どの代表値をもちいるべきか

分布が対称であれば，3つの代表値のどれをもちいても結果に大差はない。したがって，その場合に，どれをもちいるかは実用上の問題とはならない。

分布が非対称であるとき，どの代表値をもちいるかは実用上の問題となる。上で述べたように，算術平均は分布の裾の影響を強く受ける。このことから，非対称の分布に対しては中央値の使用を奨める教科書もある。たしかに，中央値は「分布の中央」としての意味も明確であるし，データの極端な値の影響を受けにくいのであるから，そうした推奨にも一理ある。

しかし，代表値として算術平均を利用することも頻繁にある。どれがいいかということよりも，分布の歪みによって3つの代表値の位置が異なることを覚えておき，示された代表値の意味を解釈する際に，歪みの方向と程度を意識するように心がけることが大切である。図 3–2 には，都道府県別の小学校数のヒストグラムに3つの代表値を描き込んである。右への歪みが強いので，3つの代表値の位置が大きく異なることに注目しよう。

■図3–2　都道府県別小学校数のヒストグラムにおける代表値の位置

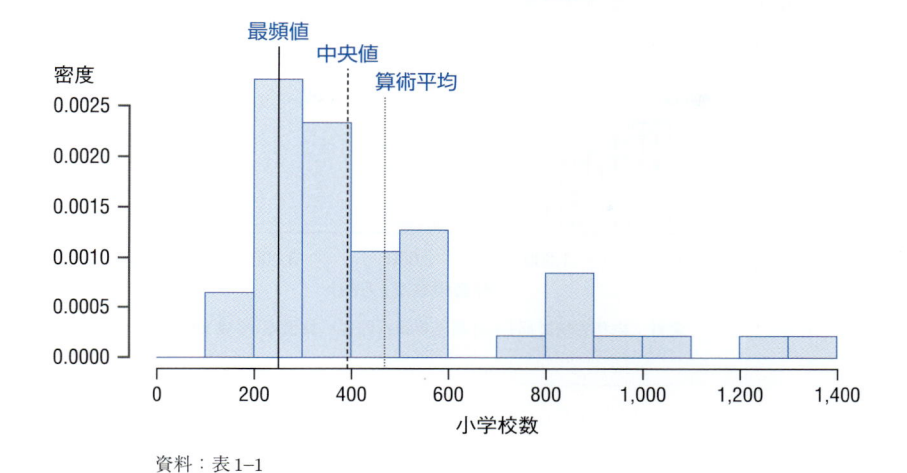

密度：最頻値／中央値／算術平均

資料：表1–1

経済データによる実例については,「コラム：貯蓄現在高の分布」を参照されたい。

> ❖ コラム：貯蓄現在高の分布
>
> 　所得や貯蓄現在高，販売額，従業者数など，経済に関連する変数の分布は右に歪んでいることが多い。このことを意識しておくことは，分布全体における代表値の位置を判断する上で大切である。
>
> 　例として，2010年における2人以上世帯の貯蓄現在高の分布を図3–3に示す。図3–3から分かるとおり，貯蓄現在高の分布は強く右に歪んでいる。貯蓄現在高が100万円未満の世帯がもっとも密度が高い。中央値はそれよりもかなり高く995万円，算術平均はさらに高く1,657万円となっている（家計調査報告 貯蓄負債編 平成22年結果速報）。実際，算術平均よりも貯蓄現在高が小さい世帯の割合は，7割ほどになっている。中央値と算術平均とにこれほどの差があるときは，中央値と算術平均の両方を示し，できれば分布全体も示すのが適切である。

3.6 どの代表値をもちいるべきか

■図3-3 2人以上世帯の貯蓄現在高の分布（2010年）

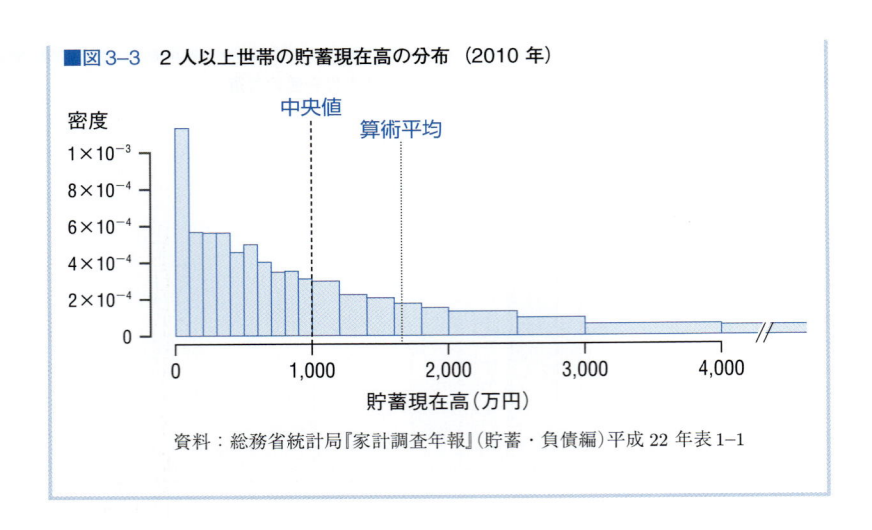

資料：総務省統計局『家計調査年報』（貯蓄・負債編）平成22年表1-1

練習問題

3.1 表1-4を使って，都道府県別の中学校数と高等学校数，大学数のそれぞれについて，最頻値と中央値，算術平均を求めなさい。

3.2 表1-1の都道府県別小学校数のデータにおいて，最大値を除いて最頻値と中央値，算術平均を求めなさい。それらのもとの値と比較しなさい。どれがもっとも強い影響を受けているか。

第4章

バラツキの尺度

第 4 章ではバラツキの尺度について説明する。具体的には,
- なぜバラツキが重要か
- バラツキを捉える視点
- さまざまなバラツキの尺度

について,基本的な考え方を述べる。バラツキの尺度は多様である。ここで解説するのはその一部である。

4.1 なぜバラツキが重要か

最初に,なぜバラツキが重要かについて,たとえ話で説明する。

2つのクラス,A組とB組とで,数学と英語の試験をした。どちらのテストも,A組の平均点は50点,B組の平均点は60点であった。数学・英語のどちらについても,B組の方がA組よりも成績が明らかによかった,といえるだろうか。その答えは得点のバラツキによって異なる。

たとえば,図4–1のように,数学の得点のバラツキは大きく,英語の得点のバラツキは小さかったとする。

数学の場合,クラス内の得点の個人差が大きいので,「A組のある生徒の得点＞B組のある生徒の得点」という逆転現象が比較的多く発生する。英語の場合,そのような逆転現象はあまり発生しない。つまり,同じ平均点の差10点であっても,数学の場合にはそれほど重要な差ではなく(A組の生徒の中にB組の生徒よりも得点の高い者がそこそこいる),英語の場合には重要な差である(A組の生徒の大半はB組の生徒よりも得

■図4–1　A組・B組における数学・英語の得点分布(架空)

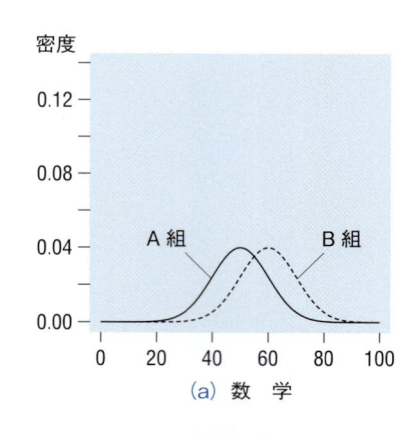

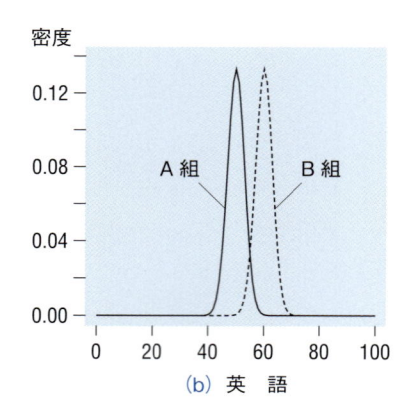

(a) 数 学　　　(b) 英 語

点が低い）。このように，平均点の差の意味に違いが生じるのは，得点のバラツキが 2 つの科目で大きく異なっているからである。

バラツキに注目して，それを分析に活かすのが統計学の特徴の 1 つである。分布のどの側面を重視するかによって，いくつものバラツキの尺度が提案されている。以下では，代表的なものを紹介する。

4.2　度数分布の幅を利用した尺度

▶ 4.2.1　範　囲

変数のバラツキが大きくなれば，ヒストグラムは横に広くなる。逆に，バラツキが小さくなれば，ヒストグラムは横に狭くなる。したがって，度数分布の幅でバラツキの大きさを測るのは自然な発想である。

もっとも簡単なものは，範囲である。範囲とは，最小値から最大値までの幅，つまり，最大値と最小値の差で求められる。ヒストグラムの左端から右端までの長さが範囲に相当する。範囲で示された幅に 100％のデータが収まっている。

都道府県別小学校数をあらわした表 1–1 では，最多値が東京都の 1,370 校，最少値が鳥取県の 147 校であるから，その差 1,223 校が範囲となる。

ヒストグラム全体の幅によってバラツキを測るという発想は分かりやすい。しかし，2 つの極端な値だけでバラツキを測定すると，その極端な値の間におけるバラツキの相違が無視されるという欠点がある。たとえば，A 組と B 組の得点のバラツキを比較したいとき，A 組と B 組の最低点がどちらも 0 点で，最高点がどちらも 100 点であったとする。最低点と最高点の間の得点の分布がいかなるものであっても，範囲はどちらも 100 点となり，バラツキが同じことになってしまう。この欠点を改良する必要がある。

▶4.2.2 四分位範囲,四分位偏差

極端な値だけでバラツキが決まってしまう欠点を改良するため,分布の裾をいくばくか削って,残りの分布の幅でバラツキを測定する方法を考える。

1つの試みとして,下位 1/4 (25%) と上位 1/4 (25%) とを切り取って,残りの中心部分 50% の幅でバラツキを測ることにする。これを**四分位範囲**とよぶ。

上位 25% は下位 75% と同じである。したがって,四分位範囲は,75% 点と 25% 点との差と定義してもよい。4 等分にもとづく分位点を**四分位点**とよぶので,第 3 四分位点と第 1 四分位点との差と定義してもよい。そもそも,四分位範囲は四分位点にちなんだ名称である。

都道府県別小学校数をあらわした**表1–1** では,第 3 四分位点は茨城県(下位 36 位)の 570 校,第 1 四分位点は宮崎県(下位 12 位)の 262 校,であるから,その差 308 校が四分位範囲となる。

■図4–2 都道府県別小学校数のヒストグラムと範囲・四分位範囲

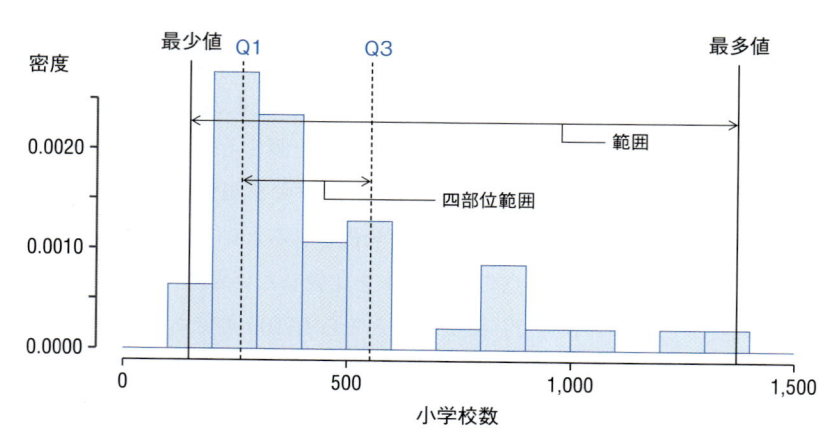

注:縦の実線:最少値・最多値;縦の点線:第 1 四分位点(Q1)・第 3 四分位点(Q3)
資料:表1–1

四分位範囲をさらに半分にした**四分位偏差**もバラツキの尺度となる。これは，データの，第 1 四分位点から中央値まで（中央値の下側）の 25％の幅と，中央値から第 3 四分位点まで（中央値の上側）の 25％ の幅との平均と解釈できる。都道府県別小学校数をあらわした**表 1–1** では，154（308/2）校となる。

　図 4–2 には，都道府県別小学校数をあらわした**表 1–1** にもとづくヒストグラムに，最多値と最少値（実線），第 1 四分位点と第 3 四分位点（点線）を記してある。左右の実線の間の幅が範囲，左右の点線の間の幅が四分位範囲をあらわす。

4.3　算術平均からの偏差を利用した尺度

▶4.3.1　算術平均からの偏差

　分布の中心からのデータ全体の乖離（かいり）の程度は，バラツキの自然な尺度となる。中心付近にデータが集中していればバラツキは小さい。逆に，中心付近から離れたデータが多ければバラツキは大きい。だから，中心への集中の程度を数値化すれば，バラツキの尺度となる。

　中心の位置としてはいくつかの候補がある。中でも算術平均は有力な 1 つである。個々の値と算術平均との差を**算術平均からの偏差**，あるいは単に平均からの偏差とよぶ。

　説明を分かりやすくするために記号を導入する。まず，算術平均を計算する対象の個体に通し番号をつける。それを i であらわす。個体 i の特徴をあらわす変数を x_i であらわす。平均の計算の対象となる個体の総数（集団の大きさであり，通し番号の最後）を N であらわす。この記号を使えば，算術平均は，以下のようにあらわせる。

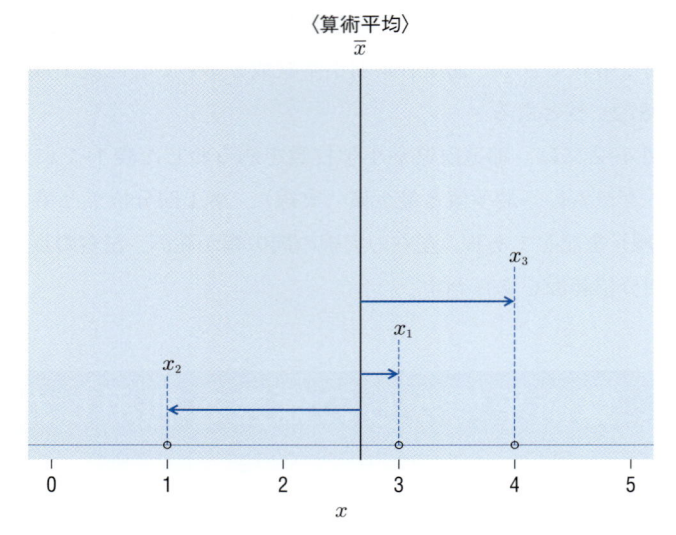

■図 4–3 算術平均からの偏差の概念図

注：$x_1 = 3$, $x_2 = 1$, $x_3 = 4$, $\bar{x} = 2.67$ とした。矢印が算術平均からの偏差をあらわす。

$$\bar{x} = \frac{1}{N} \sum_{i=1}^{N} x_i \qquad (4.1)$$

ここで，$\sum$（シグマ）は総和という演算をあらわす記号である。具体的には，$\sum_{i=1}^{N} x_i = x_1 + x_2 + \cdots + x_N$ である。なお，変数の頭にバーをつけてその変数の算術平均をあらわすのは，統計学における習慣である。

これらの記号をもちいれば，平均からの偏差は $x_i - \bar{x}$ とあらわせる。図 4–3 は，平均からの偏差 $x_i - \bar{x}$ に関する概念図である。

データのバラツキが小さく，すべてのデータ x_i が算術平均 $\bar{x}$ の近辺に集まっていれば，$x_i - \bar{x}$ の中で 0 に近いものが多くなる。逆に，データのバラツキが大きいと，$x_i - \bar{x}$ の中で 0 からかけ離れたものが多くなる。したがって，データ全体の $x_i - \bar{x}$ を活用してバラツキの尺度を作れそうである。

1つ1つの観察値と平均との差 $x_i - \bar{x}$ には，正負が入り混じっている。たとえば，図 4–3 において，$x_1 - \bar{x} > 0$, $x_2 - \bar{x} < 0$, $x_3 - \bar{x} > 0$ である。このため，このままではバラツキの尺度としては使いにくい。実際，どのようなデータについても，平均からの偏差の合計は必ず 0 になる。つまり，常に $\sum_{i=1}^{N}(x_i - \bar{x}) = 0$ となってしまう。このため，平均からの偏差の算術平均をバラツキの尺度にはできない。

▶ 4.3.2 分　散

平均からの偏差に正負が混在する問題を解決するため，平均からの偏差の 2 乗の算術平均を考える。つまり，平均からの偏差の 2 乗の平均的な大きさをバラツキの尺度とする。これを**分散**とよぶ。記号で書けば，分散 S_x^2 は以下のようにあらわせる。

$$S_x^2 = \frac{1}{N}\sum_{i=1}^{N}(x_i - \bar{x})^2 \tag{4.2}$$

$(x_i - \bar{x})^2$ で測ったバラツキの大きい個体が相対的に多ければ分散も大きくなり，それが相対的に少なければ分散も小さくなる。

都道府県別小学校数をあらわした表 1–1 では，分散が $S_x^2 = 80637.1$ となる。具体的には，

1. 北海道の小学校数の平均からの偏差の 2 乗 $(1243 - 468.1)^2 = 600470.0$
2. 青森県の小学校数の平均からの偏差の 2 乗 $(347 - 468.1)^2 = 14665.2$

を順次沖縄県まで計算し，それらの算術平均で求められる。

分散の値を 1 つだけ見ていても，バラツキに関するイメージはわきにくい。測定単位が同じものについて 2 つの集団におけるバラツキの程度を比較する場合などに役立つ。

分散は，平均からの偏差の 2 乗の算術平均であるから，形式的に，もとの測定単位の 2 乗を単位とする。このことも，バラツキのイメージを捉えにくくする一因である。センチメートルで測った身長のバラツキを

平方センチメートルで捉えても，その直感的な意味づけは難しい。標準偏差は，その問題点を解決する。

▶4.3.3　標　準　偏　差

分散の正の平方根を**標準偏差**とよぶ。記号で書けば，標準偏差 S_x は以下のようにあらわせる。

$$S_x = \sqrt{S_x^2} \qquad (4.3)$$

分散 S_x^2 が大きいほど標準偏差 S_x も大きくなる。したがって，データのバラツキが大きいほど S_x も大きくなる。しかも，S_x は，形式的にもとの測定単位と同じ測定単位をもつ。したがって，データのバラツキをイメージしやすい。

標準偏差 S_x がバラツキの尺度として便利なもう1つの理由は，算術平均 $\bar{x}$ との組み合わせによって，データの分布に関する有用な要約となるためである。すなわち，表4–1 の関係が知られている。表4–1 において，捕捉率とは指定された区域内に存在するデータの割合を指す。対称な単峰分布とは，正規分布という理論分布を念頭においている。が，多少の歪みがある場合にも，ほぼ，この捕捉率が保たれる。算術平均 $\bar{x}$ と標準偏差 S_x の2つによって，データの存在範囲に見当がつくのは便利である。このことから，算術平均 $\bar{x}$ と標準偏差 S_x（または，分散 S_x^2）の組み合わせによって分布を要約することが多い。

都道府県別小学校数をあらわした表1–1 では，標準偏差が $S_x = 284$（校）となる。図4–4 には，ヒストグラムに $\bar{x} \pm kS_x$ （$k = 1, 2, 3$）を描き込んである。ただし，$\bar{x} - kS_x$ （$k = 2, 3$）は負になるため省略している。$\bar{x} \pm kS_x$ の捕捉率は，$k = 1, 2, 3$ のそれぞれについて 36/47（約 0.77），44/47（約 0.94），46/47（約 0.98）となっている。図4–4 に見られるヒストグラムは強く右に歪んでいる。しかし，$\bar{x} \pm 2S_x$ の捕捉率は，ほぼ，95% になっている。多少の歪みがあっても，$\bar{x} \pm 2S_x$ の区域には，約 95% の個体が存在すると覚えておくと便利である。

■表 4–1　算術平均 $\bar{x}$・標準偏差 S_x と捕捉率

指定された区域	対称な単峰分布	一般の分布
$\bar{x} \pm S_x$	約 $\dfrac{2}{3}$	–
$\bar{x} \pm 2S_x$	約 95 %	$\dfrac{3}{4}$ 以上
$\bar{x} \pm 3S_x$	99% 以上	$\dfrac{8}{9}$ 以上

注：捕捉率とは，指定された区域内に存在するデータの割合を指す．

■図 4–4　都道府県別小学校数のヒストグラムと算術平均 ± k × 標準偏差

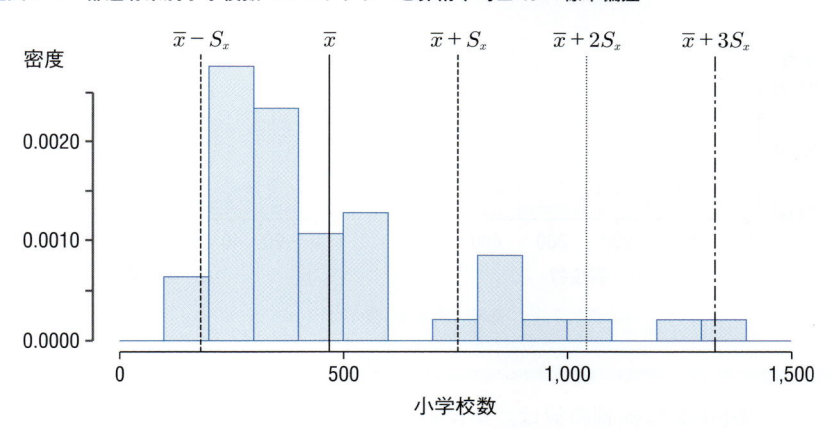

注：縦の実線：$\bar{x}$；縦の破線：$\bar{x} \pm S_x$；縦の点線：$\bar{x} \pm 2S_x$；縦の一点鎖線：$\bar{x} \pm 3S_x$
資料：表 1–1

▶4.3.4　変動係数

　分散や標準偏差は，測定単位の異なるもののバラツキの比較はできない．たとえば，身長と体重のバラツキの程度を，標準偏差で直接は比較できない．両者の測定単位が異なるからである．

　また，たとえ測定単位が同じであっても，標準偏差がバラツキの比較に適さない場合がある．例として，都道府県別の小学校数・中学校数・高等学校数・大学数をあげる．図 4–5 には，そのヒストグラムが示してある．

■図 4–5　都道府県別小学校数・中学校数・高等学校数・大学数のヒストグラム

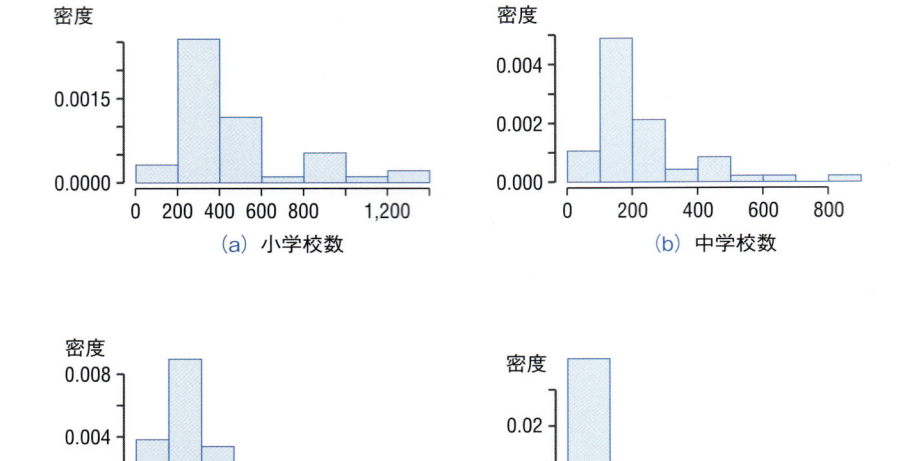

(a) 小学校数

(b) 中学校数

(c) 高校数

(d) 大学数

資料：表 1–1，表 1–4

図 4–5 の横軸の値は，学校の種類によって大きく異なる。そもそも，学校の種類によって，全国総数に大きな差がある。小学校数がもっとも多く 22,000 校，中学校数はその約半分，高等学校数はそのまた約半分，大学数は 778 校となっている。このことから，標準偏差で測ったバラツキは，小学校数がもっとも大きく，中学校数，高等学校数，大学数となるにしたがって小さくなると予想される。実際，それらは，284 校，158 校，80 校，22 校となる。

しかし，（横軸のスケールを度外視して）ヒストグラムの形状を比べると，小学校数・中学校数・高等学校数のそれらは似通っているのに対して，大学数については都道府県別の多寡の相違が著しいように見える。

算術平均 $\bar{x}$ が大きくなると標準偏差 S_x も大きくなるという現象は数多く観察される。都道府県別の小学校数・中学校数・高等学校数・大学

数の算術平均はそれぞれ，約468校，230校，109校，17校となっている。ここでも，算術平均が大きくなると標準偏差も大きくなる傾向が観察できる。このことから，標準偏差を算術平均で除して相対化することが考えられる。これを**変動係数**とよぶ。すなわち，変動係数 CV_x は以下のとおり計算される。

$$CV_x = \frac{S_x}{\bar{x}} \tag{4.4}$$

都道府県別の小学校数・中学校数・高等学校数・大学数について変動係数を計算すると，0.61，0.69，0.73，1.33 となる。これらで見ると，小学校数・中学校数・高等学校数の順でバラツキが徐々に大きくなり，大学数のバラツキはそれらよりもずっと大きくなる。

変動係数 CV_x は，「算術平均 $\bar{x}$ に比して標準偏差 S_x がどれぐらいの大きさになるか」をあらわす比率である。$\bar{x}$ と S_x の測定単位は同じであるから，$CV_x = S_x/\bar{x}$ は単位のない数（無名数）になる。このため，測定単位の異なるデータのバラツキの比較にももちいられる。たとえば，身長と体重のバラツキの大小も，両者の変動係数で比較できる。

❖ **コラム：偏 差 値**

入試の模擬試験で多用される偏差値は，平均が 50，標準偏差が 10（分散が 100）になるように，1次式で試験の得点を変換したものである。

より一般に，1次式による変換で算術平均を A，分散を B^2 に変えるには，以下のようにする。データを x_i $(i = 1, 2, \ldots, N)$ とする。

1. $z_i = (x_i - \bar{x})/S_x$ を計算する。
2. $h_i = A + B z_i$ を計算する。

ただし，$\bar{x}$ は x の算術平均，S_x は x の標準偏差である。新しい変数 h の算術平均は A，分散は B^2 となる。偏差値の場合は，$A = 50$，$B = 10$ である。中間的に作成した z を**標準化変数**とよぶ。

偏差値は無名数であり，試験の得点以外にも適用できる。たとえば，都道府県別の小学校数（**表1-1**）から都道府県ごとの小学校数に関する偏差値を求めることもできる。北海道の偏差値は，

$$50 + \frac{10(1248 - 468.1)}{284} \fallingdotseq 77$$

となる。

　もともと非対称な分布は，偏差値変換後も非対称なままである。ヒストグラムの横軸の値が変わるだけである。たとえば，図 4–4 において，$\bar{x} \pm k\,S_x$ が $50 \pm 10k$ に変わるだけである。分布が右に歪んでいるので，算術平均よりも x が小さい 32 県の偏差値は 50 未満になる。偏差値を解釈するときにも，分布の形状の情報が重要である。

練習問題

4.1 表 1–4 から，都道府県別の中学校数・高等学校数・大学数のそれぞれについて，範囲と四分位範囲，分散，標準偏差，変動係数を計算しなさい。

4.2 四分位範囲や四分位偏差を相対化して無名数にしたいとする。どのような方法が考えられるか。変動係数を参考にして検討しなさい。

第5章

不均等度の捉え方

第5章では，個体のもつ変数の量的な均等性を分析する方法を説明する。具体的には，
- ローレンツ曲線の描き方と見方
- ジニ係数の計算方法と意味

について述べる。

5.1 量的な均等性

均等であることが特別の意味をもつ場合がある。たとえば，法の下での平等を保つためには，1 票の重みに大きな差がないのが望ましいであろう。現状を評価するには，均等性からの乖離を測る方法が要る。

均等性と不均等性（つまり，バラツキ）とは表裏の関係にある。したがって，第 4 章で述べたバラツキの尺度は，不均等性の測定にも使える。

単純な数値例によってこのことを確かめよう。以下のように，3 つの場合を想定して，それぞれについて変動係数を計算する。いずれも，集団の大きさを $N=5$ とし，所得 x の合計を $\sum_{i=1}^{5} x_i = 10$（万円）とする。

(a) 均等の場合： $x_1=2, \ x_2=2, \ x_3=2, \ x_4=2, \ x_5=2$
(b) 不均等の場合： $x_1=0, \ x_2=1, \ x_3=2, \ x_4=4, \ x_5=3$
(c) 独占の場合： $x_1=0, \ x_2=0, \ x_3=10, \ x_4=0, \ x_5=0$

これらについて変動係数を計算すると，それぞれ，0.0，0.7，2.0 となる。不均等の度合いが大きくなるにつれて変動係数も大きくなっている。

しかし，変動係数をそのまま不均等の尺度とするには不便な面がある。たとえば，変動係数はいくらでも大きくなるので，変動係数の値を 1 つだけ眺めて不均等の程度を判断するのは難しい。

第 5 章では，不均等の測り方として，ローレンツ曲線とジニ係数とを紹介する。ローレンツ曲線は不均等を視覚的にあらわす。ジニ係数は，ローレンツ曲線から計算される不均等の数値表現である。ジニ係数は 0 と 1 の間に収まる。そのような基準化が施されているので，不均等の程度を判断しやすい。

ローレンツ曲線やジニ係数が対象とする変数は，正または 0 である。以下の説明では変数が非負であることを前提とする。

5.2 ローレンツ曲線

▶5.2.1 ローレンツ曲線の描き方

ローレンツ曲線の描き方を以下に記す。

1. データ $x_1, x_2, \ldots, x_N$ を昇順に並べ替える。並べ替えの結果を $x_{(1)} \leq x_{(2)} \leq \cdots \leq x_{(N)}$ と記す。
2. 昇順に並んだ (j) 番目までの個体数の累積和を個体数の合計で除したものを $F_{(j)}$ とする。つまり、$F_{(j)} = j/N$ とする。ただし、$F_{(0)} = 0$ とする。$F_{(j)}$ の作り方から、常に $F_{(N)} = 1$ となる。
3. 同じように、昇順に並んだ (j) 番目までの x の累積和を x の合計で除したものを $T_{(j)}$ とする。つまり、$T_{(j)} = \sum_{i=1}^{j} x_{(i)} / \sum_{i=1}^{N} x_i$ とする。ただし、$T_{(0)} = 0$ とする。$T_{(j)}$ の作り方から、常に $T_{(N)} = 1$ となる。
4. 2次元の座標平面状において、横軸を $F_{(j)}$、縦軸を $T_{(j)}$、とし、点 $(F_{(j)}, T_{(j)})$ をプロット（打点）する。j の小さい順に点を直線

■表5–1　ローレンツ曲線を描くための計算（数値例 (b) 不均等の場合）

順位：(j)	個体数	$F_{(j)}$	$x_{(j)}$	$T_{(j)}$
(0)	–	0	–	0
(1)	1	$\frac{1}{5}$ (=0.2)	0	$\frac{0}{10}$ (=0.0)
(2)	1	$\frac{2}{5}$ (=0.4)	1	$\frac{1}{10}$ (=0.1)
(3)	1	$\frac{3}{5}$ (=0.6)	2	$\frac{3}{10}$ (=0.3)
(4)	1	$\frac{4}{5}$ (=0.8)	3	$\frac{6}{10}$ (=0.6)
(5)	1	$\frac{5}{5}$ (=1.0)	4	$\frac{10}{10}$ (=1.0)
合計	5	–	10	–

で結ぶ。

5. 原点 $(0, 0)$ と 点 $(1, 1)$ とを直線で結ぶ。

第2ステップにおける $F_{(j)}$ は，(j) 番目までの個体数の累積和が全個体数に占める割合（累積相対度数）である。第3ステップにおける $T_{(j)}$ は，小さい方から (j) 番目までの x の累積和が x の合計に占める割合になる。第4ステップで描かれた線を**ローレンツ曲線**とよぶ。第5ステップで引いた線分を**均等線**とよぶ。

ローレンツ曲線の見方を知るために，先の3つの数値例についてローレンツ曲線を描く。(b) 不均等の場合について表5–1 に計算手順を例示する。(a) 均等の場合や (c) 独占の場合にも同じ手順で計算すればよい。3つの場合に対応するローレンツ曲線を図5–1（60ページ）に示す。図5–1 から分かるように，ローレンツ曲線は，一辺の長さが1の正方形の内部に描かれる。均等線は，その正方形の左下と右上を結ぶ対角線となる。

▶5.2.2　ローレンツ曲線の見方

図5–1 に沿ってローレンツ曲線の性質を説明する。まず，(a) 均等の場合は，ローレンツ曲線は均等線と一致する。なぜなら，常に，個体数の相対的な累積量 $F_{(j)}$ と x の相対的な累積量 $T_{(j)}$ とが等しくなるからである。逆にいえば，均等線とは，集団に属する個体間に変数 x が均等に配分されているときのローレンツ曲線である。

真ん中の (b) 不均等の場合には，ローレンツ曲線は均等線よりも下側に位置する。その理由は以下のように説明できる。ローレンツ曲線の座標は，個体の相対的な累積量（累積相対度数）$F_{(j)}$ を横軸，x の相対的な累積量 $T_{(j)}$ を縦軸とする。$T_{(j)}$ は x の小さいものから累積される。他方，$F_{(j)}$ は x の大小と関わりなく1つずつの個体数が累積されていく。したがって，始点 $(0, 0)$ においては，横軸の個体数の相対的な累積のスピードの方が，縦軸の変数の相対的な累積のスピードよりも速い。結果的に始点 $(0, 0)$ 付近ではローレンツ曲線の傾きが1よりも小さくな

り，ローレンツ曲線が均等線よりも低位になる．

　横軸の値を 0 から徐々に大きくする．変数 x が昇順に並べられているので，順々に大きな x をもつ個体が累積されていく．このことは，変数の相対的な累積のスピードが徐々に速くなっていくことを意味する．他方で，個体数の相対的な累積のスピードは一定である．したがって，横軸の値が大きくなるほど，その値におけるローレンツ曲線の傾きは険しくなる．いったん険しくなった傾きがまた緩くなるということはありえない．

　そして，最大の x をもつ個体が最後に累積されたときに，横軸の値も縦軸の値も 1 になる．

　以上の 3 つの点，(1) 始点 $(0, 0)$ 付近でローレンツ曲線が均等線よりも低位になる，(2) いったん険しくなったローレンツ曲線の傾きは，それよりも右側でまた緩くならない，(3) 終点が $(1, 1)$ になる，を合わせると，(b) 不均等の場合には，横軸の 0 から 1 のすべての区間において，ローレンツ曲線が均等線よりも低位になることが分かる．

　最後に (c) 独占の場合，x を独占する個体が登場するまでローレンツ曲線は底辺と一致する．最後の個体が登場するまで，変数の累積量が 0 となるからである．この数値例では，集団の大きさが $N = 5$ と小さい．集団の大きさ N が大きくなるほど，独占の場合のローレンツ曲線は底辺と右辺とに近くなる．

　数値例によって，ローレンツ曲線の以下の性質が明らかになった．すなわち，ローレンツ曲線は，均等線よりも高くはならない．もし，x の値が完全に均等であれば，ローレンツ曲線は均等線に一致する．x の値の不均等の程度が高くなるにつれてローレンツ曲線は均等線から遠ざかる．もっとも極端な独占の場合，ローレンツ曲線は均等線からもっとも遠い底辺と右辺とに密着する．

　このことから，均等線とローレンツ曲線との乖離によって，不均等の程度が図示されることが分かる．ローレンツ曲線を見るときには，均等線からの乖離に注目すればいい．

■ 図 5–1　数値例に対応するローレンツ曲線

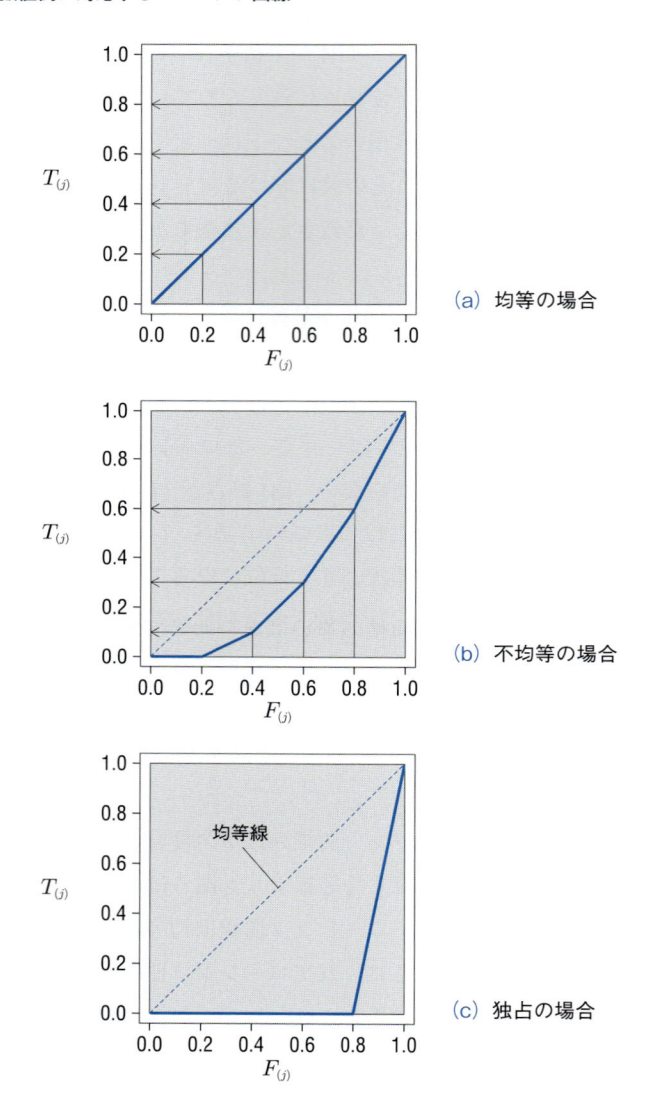

(a) 均等の場合

(b) 不均等の場合

(c) 独占の場合

注：横軸の $F_{(j)}$ は昇順に並んだ (j) 番目までの個体数の累積和を個体数の合計で除したもの（累積相対度数），縦軸の $T_{(j)}$ は昇順に並んだ (j) 番目までの所得 x の累積和を x の合計で除したもの（変数の相対的な累積和）。

5.3 ジニ係数

▶5.3.1 ジニ係数とは

　均等線とローレンツ曲線との乖離によって不均等の程度が測れる。そこで，両者に囲まれる部分（以後，弓形という）の大小は不均等の尺度になりうる。弓形の面積の2倍を**ジニ係数**という。均等線とローレンツ曲線が一致する均等の場合，ジニ係数は最小値0となる。反対に，ローレンツ曲線が正方形の底辺と右辺とに密着する場合，ジニ係数は最大値1となる。中程度の不均等の場合は0と1の間になる。ジニ係数が0に近いほど不均等の程度が低く，1に近いほど不均等の程度が高い。弓形の面積を2倍するのは，ジニ係数が0と1の間に収まるようにするための調整である。

　ジニ係数は，均等線とローレンツ曲線との間の弓形の面積であらわした不均等の程度である。面積の違いはあらわせても，それ以外の側面，たとえば弓形の形状の相違までは表現できない。他方，2つのローレンツ曲線が交差するようなとき，ローレンツ曲線では不均等の順序が決まらないのに対し，ジニ係数では大小が決まる。

　ジニ係数がどれほどの大きさであれば不均等の程度が高いといえるのかについては，一概に決められない。複数の対象からジニ係数を比較したり，同じ対象の異時点のデータから計算したジニ係数を比較するなどして判断する。

▶5.3.2 ジニ係数の計算方法

　数値例の (b) 不均等の場合のジニ係数を計算する。以下では1つの方法を述べる。

　弓形の面積の2倍を求めるには，正方形内のローレンツ曲線の下側の面積を求めて，その2倍を1から引けばいい。ローレンツ曲線の下側は，

■図5–2　ローレンツ曲線の下側の分割

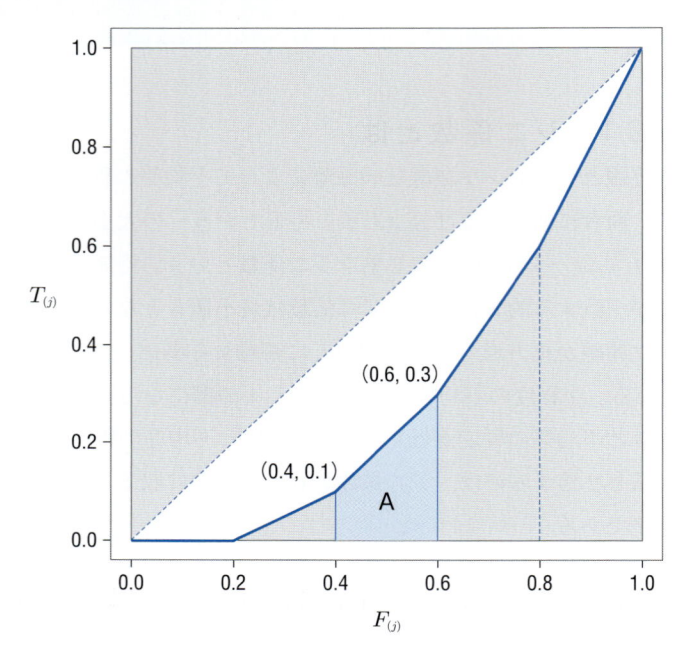

注：数値例の(b)不均等の場合の分割を示す。

いくつかの三角形または台形に分割できる。図5–2は，(b) 不均等の場合の分割の様子を示す。1つ1つの三角形または台形の面積を計算して合計すれば，ローレンツ曲線の下側の面積になる。1つの台形，たとえば，図5–2のAの台形の面積は，左端の辺と右端の辺の長さの合計に，底辺を乗じて2で割れば求まる。計算を実行すると，

$$(0.1+0.3) \times 0.2 \times 0.5 = 0.04$$

となる。図5–2に示された分割にもとづいてローレンツ曲線の下側の面積を計算すると以下のようになる。

$$0.5 \times \{0.1 \times 0.2 + (0.1+0.3) \times 0.2 + (0.3+0.6) \times 0.2$$

$$+ (0.6 + 1.0) \times 0.2\} = 0.3$$

したがって，ジニ係数は $1 - 2 \times 0.3 = 0.4$ となる．同様に計算すれば，(a) 均等の場合のジニ係数は 0.0, (c) 独占の場合のジニ係数は 0.8 となる．

5.4 適用例

▶5.4.1 データ：参議院選挙における有権者 1,000 人当たり議員定数

ローレンツ曲線とジニ係数の適用例として，2010（平成 22）年と 1998（平成 10）年の参議院選挙の有権者 1,000 人当たり議員定数を取り上げる．データを表 5–2 に示す．

議員定数（改選分）を当日の有権者数で除した値，つまり，有権者 1,000 人当たりの議員定数 x は 1 票の格差の指標の 1 つと考えられる．通常は，この逆数，つまり，1 議席当たりの有権者数がもちいられることが多い．ここでは，有権者数にもとづく 1 票の格差を考察するため，有権者数を分母とした指標をもちいる．x が小さすぎてイメージがわきにくいようなら，x を 1,000 倍した有権者 100 万人当たり議員定数を新たな変数としても，ローレンツ曲線やジニ係数は変わらない．

通常，1 票の格差の指標として，x の最大値の最小値に対する比がもちいられる（この比は，1 議席当たり有権者数で計算しても同じになる）．この比が 1 に近いほど格差が小さい．この指標によれば，2010 年には 5.00, 1998 年には 4.98 となる．

しかし，x の最大値と最小値，つまり，x 分布の端の値は変化しやすい．また，x 分布の中間部分における変化はこの比に反映されない．ローレンツ曲線やジニ係数には分布の中間部分の変化も反映される．

■表5-2 2010(平成22)年と1998(平成10)年における参議院選挙議員定数と有権者数

番 号	都道府県	2010年 議員定数(改選分)	2010年 選挙日当日有権者数	1998年 議員定数(改選分)	1998年 選挙日当日有権者数
1	北海道	2	4,605	2	4,523
2	青　森	1	1,159	1	1,177
3	岩　手	1	1,109	1	1,119
4	宮　城	2	1,908	2	1,813
5	秋　田	1	927	1	966
6	山　形	1	966	1	980
7	福　島	2	1,659	2	1,641
8	茨　城	2	2,426	2	2,311
9	栃　木	1	1,631	2	1,546
10	群　馬	1	1,628	2	1,572
11	埼　玉	3	5,815	3	5,343
12	千　葉	3	5,045	2	4,605
13	東　京	5	10,621	4	9,581
14	神奈川	3	7,295	3	6,622
15	新　潟	2	1,969	2	1,957
16	富　山	1	903	1	899
17	石　川	1	944	1	925
18	福　井	1	654	1	642
19	山　梨	1	702	1	688
20	長　野	2	1,758	2	1,729
21	岐　阜	2	1,688	2	1,644
22	静　岡	2	3,077	2	2,934
23	愛　知	3	5,830	3	5,352
24	三　重	1	1,504	1	1,449
25	滋　賀	1	1,106	1	998
26	京　都	2	2,099	2	2,049
27	大　阪	3	7,089	3	6,875
28	兵　庫	2	4,543	2	4,302
29	奈　良	1	1,154	1	1,131
30	和歌山	1	848	1	862
31	鳥　取	1	486	1	481
32	島　根	1	594	1	602
33	岡　山	1	1,577	2	1,538
34	広　島	2	2,326	2	2,260
35	山　口	1	1,209	1	1,228
36	徳　島	1	659	1	661
37	香　川	1	830	1	818
38	愛　媛	1	1,198	1	1,199
39	高　知	1	641	1	655
40	福　岡	2	4,094	2	3,850
41	佐　賀	1	688	1	675
42	長　崎	1	1,177	1	1,186
43	熊　本	1	1,488	2	1,450
44	大　分	1	991	1	973
45	宮　崎	1	934	1	916
46	鹿児島	1	1,400	2	1,385
47	沖　縄	1	1,074	1	937
	合　計	73	104,029	76	99,049

(有権者数の単位:1,000人)

資料:総務省統計研修所編『日本統計年鑑』第61回 2011年 表24-9,第51回 2001年 表22-9.

▶5.4.2 加重平均

先に進む前に，計算上の注意点を 1 つあげる。それは，「都道府県ごとに有権者数が異なっている」ということである。あるいは，ここで対象としている集団は全国の有権者全員であるといってもよい。たとえば，2010 年の選挙において，北海道には 4,605 千人の有権者がいる。集計の際には，「北海道における値 $x = 2/4605$ をもっている個体（有権者）が 4,605 千人いる」ことを意識して $F_{(j)}$（個体数の相対的な累積量）や $T_{(j)}$（変数の相対的な累積量）を計算しなければならない。

都道府県における有権者の数の相違を無視して計算すると不都合が生じる。たとえば，47 都道府県における x の算術平均は，全国の議員定数合計を全国の有権者数合計（単位：1,000 人）で除した値とは異なる。都道府県ごとの有権者数が異なるからである。47 都道府県の x にそれぞれの有権者数を乗じ，その合計を全国の有権者数の合計で除せば，全国の議員定数合計を全国の有権者数合計で除した値に等しくなる。

この計算は，都道府県の x の値に，都道府県の有権者数を全国の有権者数で除した値（構成比）を乗じて合計することと同じである。つまり，第 i 番目の都道府県の有権者構成比を w_i と記せば，

$$\bar{x}_w = \sum_{i=1}^{47} w_i x_i \tag{5.1}$$

と同じになる。w_i は構成比であるから $\sum_{i=1}^{47} w_i = 1$ となる。構成比 w_i の大きな都道府県の x_i の値が $\bar{x}_w$ により強く反映される。たとえば鳥取県の場合，486/104029（約 0.005），神奈川県の場合，7295/104029（約 0.070）となる。式 (5.1) を，重み w による x の**加重平均**とよぶ。

ローレンツ曲線やジニ係数を計算するときにも，加重平均にならって有権者数の相違（重みの相違）を反映する，というのがここでの注意である。

5.4.3 有権者 1,000 人当たり議員定数のローレンツ曲線

図 5–3 には，2010 年と 1998 年における有権者 1,000 人当たり議員定数 x について，有権者数の相違を反映して描いたローレンツ曲線を示す。2010 年のローレンツ曲線は，1998 年のローレンツ曲線よりも均等線に近い。とくに，横軸（累積相対度数）が 0.2 から 0.7 あたりで変化が大きい。このような変化は，最大値の最小値に対する比では把握できない。

■図 5–3　2010（平成 22）年，1998（平成 10）年参議院選挙における有権者 1,000 人当たり議員定数のローレンツ曲線

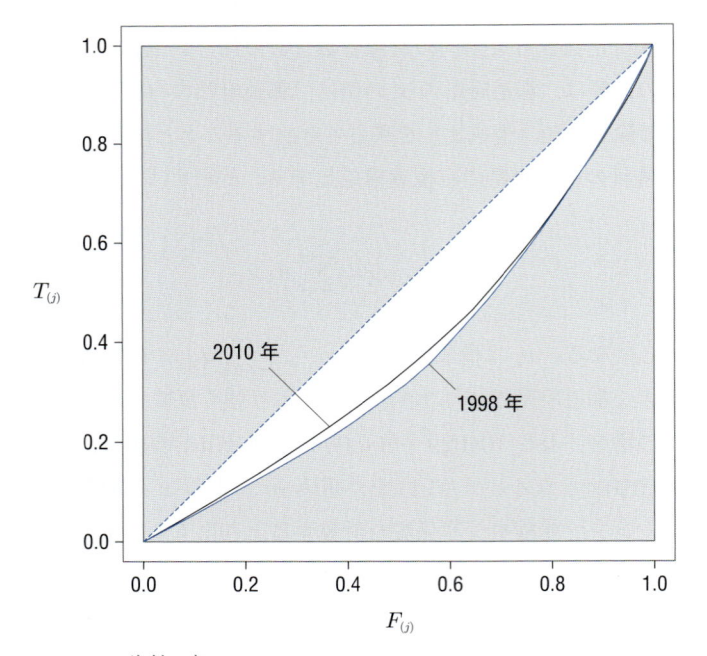

資料：表 5–2

5.4.4　有権者 1,000 人当たり議員定数のジニ係数

ローレンツ曲線が均等線に近づいた結果，2010 年の x のジニ係数 0.23 は 1998 年のそれ 0.25 よりも小さい。

x の最大値と最小値との比は，2010 年の方が 1998 年よりも大きかった。ジニ係数では大小関係が逆になる。結果が異なるのは，最大値・最小値の比とジニ係数とで，分布のどの部分の不均等を評価しているかが異なるためである。

練習問題

5.1　表 5–2 の 2010（平成 22）年と 1998（平成 10）年の参議院選挙データから，有権者 1,000 人当たり議員定数 x についてローレンツ曲線を描き，ジニ係数を計算しなさい。

5.2　表 5–2 の 2010 年と 1998 年の参議院選挙データから，議員定数当たり有権者数（1,000 人）y（つまり，x の逆数）についてローレンツ曲線を描き，ジニ係数を計算しなさい。重みが都道府県の議員定数（改選分）となることに注意する。このような集計方法は，何を対象集団とした何の不均等を調べていることになるか。

第6章

度数分布表からの近似計算

　第6章では，度数分布表からの近似計算について説明する。具体的には，
- 度数分布表からの累積分布関数・分位点の近似計算
- 度数分布表からの算術平均・分散・標準偏差などの近似計算
- 度数分布表からのローレンツ曲線・ジニ係数の近似計算

について述べる。

6.1　データ：貴金属・宝石製品製造業の従業者数の度数分布表

これまで，データ x_i $(i = 1, 2, \cdots, N)$ がすべてあたえられているときの分析方法について述べてきた．しかし，個々の x_i ではなく，度数分布表の形でデータがあたえられることがある．例として，経済産業省「工業統計表」2008（平成 20）年 確報 産業編 からえられる，貴金属・宝石製品製造業の従業者規模別事業所数を取り上げる．表 6–1 は，そのデータ（度数分布表）を示す．

なお，実際の「工業統計表」には，階級ごとに従業者数合計が併記されている．したがって，たとえば，事業所当たり平均従業者数は正確に計算できる．以下では，仮に，あたえられた情報が表 6–1 に限られている場合に，近似的な平均をどのように計算するか，などについて説明する．

6.2　ヒストグラムの作成

度数分布表があたえられているので，通常と同じ手続きでヒストグラムを作成できる．ただし，階級が表によってあらかじめ決まっているので，階級幅の計算に注意する．「工業統計表」では，階級に対応する区間が，たとえば，「4〜9人」のようにあたえられている．このときの階級幅は，6（人）になる．第 1 の階級の下限は 1 人（以上）としてよい．

縦軸を密度（その階級の相対度数を階級幅で除した値）としたヒストグラムを図 6–1 に示す．あたえられた度数分布表からヒストグラムを描くときには，階級幅に注意しなければならない．階級幅が一様でなければ，縦軸を密度にしておくのが安全である．「柱の面積が度数に比例する」というヒストグラムの原則を再確認しておきたい．

図 6–1 から，従業者が 3 人以下の事業所の数が極端に多く，従業者規

■表6–1　貴金属・宝石製品製造業における従業者規模別事業所数（2008年）

	従業者数							
	3人以下	4～9人	10～19人	20～29人	30～49人	50～99人	100～199人	200～299人	合計
事業所数	1,064	366	117	45	19	16	6	3	1,636

注：たとえば，「4～9人」は「4人以上9人以下」であることをあらわす。
資料：経済産業省「工業統計表」2008（平成20）年 確報 産業編

■図6–1　貴金属・宝石製品製造業における従業者数のヒストグラム

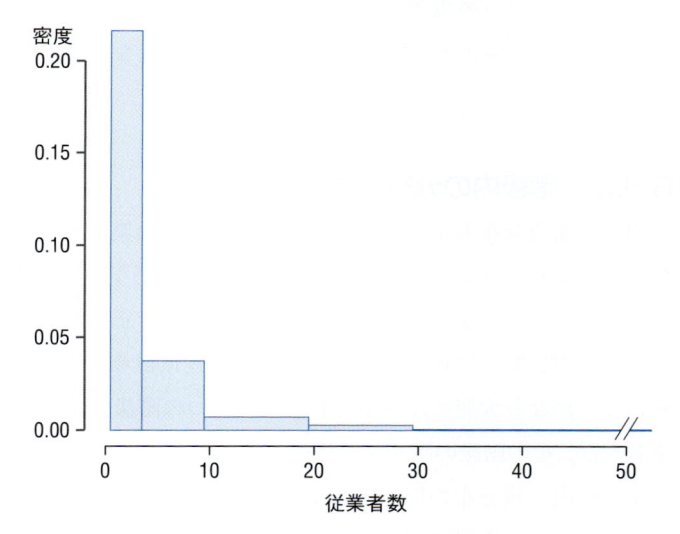

注：横軸は50人までを表示している。
資料：表6–1

模の大きな事業所が僅少であることが分かる。事業所の従業者規模の分布は，右への歪みが強い場合が多い。

6.3 累積分布関数と分位点の近似計算

6.3.1 正確に分かる部分の計算

度数分布表から近似的に累積分布関数を求める方法について述べる。

まず，正確に分かる部分を計算する。度数分布表（**表 6–1**）の階級ごとの度数を累積して，度数分布表の列（縦の欄）を追加する。**表 6–2** から，従業者数 0（人）以下の事業所の構成比率が 0.0% であること，従業者数 3（人）以下の事業所の構成比率が 65.0% であること，…，従業者数 299（人）以下の事業所の構成比率が 100.0% であること，などが分かる。つまり，おのおのの階級の上限の値は正確な累積度数・累積相対度数をあたえる。

6.3.2 階級内の分布に関する仮定

問題は，度数分布表から正確に分からない部分の累積度数・累積相対度数をどのように求めるかである。もとのデータがない状況では，1 つの階級の中にデータがどのように分布しているかを正確に知ることはできない。分布に関して何らかの仮定をおいて近似計算することになる。

そこで，かなり大胆ではあるけれども，「1 つの階級に属する事業所の従業者数は，その階級の階級幅全体に一様に分布している」と想定する。これを階級内一様分布の仮定とよぶことにする。

たとえば，第 1 階級に属する 1,064 の事業所のうち，
- 従業者数は 1（人）の事業所が 1064/3（約 354.7）ある。
- 従業者数は 2（人）の事業所が 1064/3（約 354.7）ある。
- 従業者数は 3（人）の事業所が 1064/3（約 354.7）ある。

と想定する。分母の 3 は，階級幅 3（人）に由来する。他の階級についても，その階級の度数を階級幅で除して，従業者数に均等配分する。

階級内一様分布の仮定が妥当であるとの保証はない。上級の統計学で

■表6–2　度数分布表への累積度数・累積相対度数の追加

階級番号	従業者規模	事業所数	累積度数	累積相対度数
1	3 人以下	1,064	1,064	0.650
2	4～ 9 人	366	1,430	0.874
3	10～ 19 人	117	1,547	0.946
4	20～ 29 人	45	1,592	0.973
5	30～ 49 人	19	1,611	0.985
6	50～ 99 人	16	1,627	0.994
7	100～199 人	6	1,633	0.988
8	200～299 人	3	1,636	1.000
合　計		1,636		

資料：表 6–1

は，より洗練された方法も提案されている。しかし，ここでは，第 1 次的な接近法として，そのように仮定することにしよう。

6.3.3　累積分布関数の近似

階級内一様分布の仮定のもとでは，累積分布関数は以下のように定まる。第 1 階級の中では，$t = 1$ のところで $(1064/3)/1636$（約 0.217）上方にジャンプし，$t = 2$ および $t = 3$ のところで同じ高さで上方にジャンプする階段関数になる。他の階級についても，その階級の相対度数を階級幅で除した値を 1 段 1 段の高さとする階段関数となる。

図 6–2 には，近似的な累積分布関数を $t = 30$ まで示す。図 6–2 は，あくまでも，階級内一様分布の仮定の下で描かれている。表 6–1 の上限に対応する t 以外では，その仮定に依存する近似値であることに注意しなければならない。

6.3.4　分位点の近似

近似的な累積分布関数から近似的な分位点が求められる。たとえば，中央値は図 6–2 の縦軸の 0.50 の値に対応する横軸 t の値になるので，3

■図 6–2　貴金属・宝石製品製造業における従業者数の近似的な累積度数分布関数

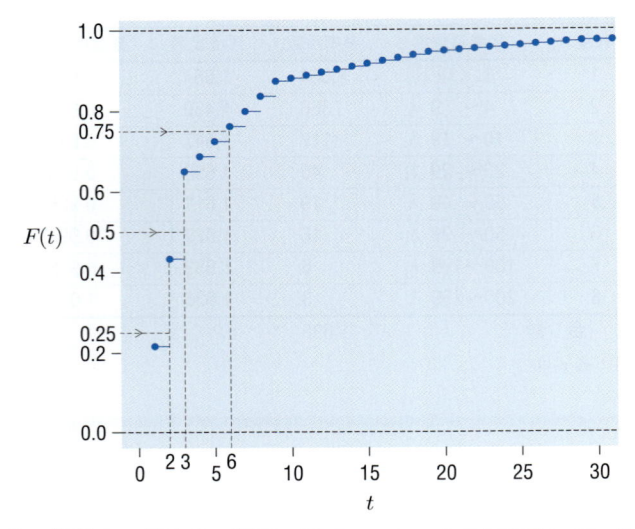

注：階級内一様分布の仮定の下で，$t \leq 30$ までを表示している。
資料：表 6–2

（人）となる。

　同じように，第 1 四分位点と第 3 四分位点とは，それぞれ，0.25 と 0.75 に対応する値，2（人）と 6（人）となる。四分位範囲は 6 と 2 の差 4（人），四分位偏差はその半分の 2（人）となる。

　近似的な分位点は度数分布表（**表 6–2**）からも求められる。たとえば，中央値は以下のように近似計算できる。まず，中央値が属する階級は正確に特定できる。すなわち，度数分布表においての累積相対度数が初めて 0.5 を超える階級にそれがある。**表 6–2** では第 1 階級に中央値がある。そこで，第 1 階級の相対度数 0.650 を階級幅 3（人）で等分し，

- 従業者数 1（人）の近似的な累積相対度数：0.217
- 従業者数 2（人）の近似的な累積相対度数：0.434
- 従業者数 3（人）の近似的な累積相対度数：0.650

と計算する。累積相対度数が初めて 0.5 を超える従業者数，すなわち 3（人）が中央値である。

6.4 算術平均と分散，標準偏差の近似計算

▶6.4.1 階級内の分布に関する仮定

つぎに，表 6–1 から近似的に算術平均を計算する方法を説明する。今度も，もともとのデータがないのだから，個々の x の値は分からない。階級内における x に分布を仮定して近似計算する。

累積相対度数や分位点の近似計算のときと同じように，階級内一様分布の仮定のもとに近似計算することもできる。しかし，算術平均や分散，標準偏差を近似計算するときは，もっと簡便な仮定をおくことが多い。すなわち，「ある階級に属する個体は，すべて，階級値に等しい x をもつ」と仮定する。これを階級内一定値の仮定とよぶことにする。

たとえば，第 1 階級「3 人以下」に属する 1,064 の事業所の正確な従業者数は分からない。そこで，平均的な値として，階級値である 2（人）としておく。その根拠は，第 1 階級の中での最少値である 1（人）では過少である可能性が高くなる。逆に，最多値である 3（人）では過多である可能性が高くなる。階級の中心の値（階級値）である 2（人）をこの階級の相場とみなすのは，自然な選択の 1 つである。このことから，この階級に属する 1,064 事業所の従業者数が 2（人）であるとみなすことにする。他の階級についても，その階級の階級値を平均的な値として，そこに属する事業所がみな階級値と同じ従業者をもつとみなす。

▶6.4.2 算術平均の近似計算

階級内一定値の仮定のもとで，すべての個体の x の値が 1 つに定まる。度数分布表（表 6–1）からの近似的な算術平均は，以下のように計

算される。

$$\bar{x}_a = \frac{1}{1636}(1064 \times 2 + 366 \times 6.5 + 117 \times 14.5 + 45 \times 24.5$$
$$+ 19 \times 39.5 + 16 \times 74.5 + 6 \times 149.5 + 3 \times 249.5)$$
$$= 6.7$$

となる。添え字 a は近似であることを示す。

ちなみに,「工業統計表」から正確に計算できる事業所当たり従業者数は 6.2（人）となっている。近似計算が過大になっているのは，1 つ 1 つの階級において，階級値がその階級の平均値よりも高くなっている（このことは「工業統計表」から確認できる）ためである。

ここで述べた算術平均の計算方法は，階級値の加重平均であらわすこともできる。第 1 階級の相対度数は 1063/1636（約 0.65），第 2 階級のそれは 366/1636（約 0.22），以下同様に他の階級の相対度数も求める。相対度数を重みとした加重平均は以下のようになる。

$$\bar{x}_a = 0.65 \times 2 + 0.22 \times 6.5 + 0.07 \times 14.5 + 0.03 \times 24.5$$
$$+ 0.01 \times 39.5 + 0.01 \times 74.5 + 0.002 \times 249.5 = 6.7$$

ただし，構成比を小数点以下第 2 位で丸めている。この計算は，先に計算した近似的な算術平均の式において，1/1636 を分配して計算したものに他ならない。つまり，算術平均の近似値は，相対度数を重みとした階級値の加重平均で求められる。

なお，算術平均の近似計算に関しては，階級内一様分布の仮定の下でも，階級内一定値の仮定の下でも，計算結果が等しくなる。

▶6.4.3　分散と標準偏差，変動係数の近似計算

分散や標準偏差，変動係数を計算するときにも，階級内一定値の仮定をおく。この仮定の下で近似的に計算した算術平均が 6.7（人）なので，平均からの偏差は，階級値と近似的に計算した算術平均との差になる。したがって，分散の近似値は，以下のように計算できる。

$$\begin{aligned}
S_{xa}^2 &= \frac{1}{1636}\{1064 \times (2-6.7)^2 + 366 \times (6.5-6.7)^2 \\
&\quad + 117 \times (14.5-6.7)^2 + 45 \times (24.5-6.7)^2 \\
&\quad + 19 \times (39.5-6.7)^2 + 16 \times (74.5-6.7)^2 \\
&\quad + 6 \times (149.5-6.7)^2 + 3 \times (249.5-6.7)^2\} \\
&= 267.9
\end{aligned}$$

近似的な分散も加重平均であらわせる。つまり，階級値と近似的な算術平均との差の 2 乗をその階級の相対度数を重みとして加重平均すれば近似的な分散になる。

標準偏差は $S_{xa} = \sqrt{S_{xa}^2} = 16.4$ となる。結果として，近似的な変動係数は $CV_{xa} = S_{xa}/\bar{x}_a = 2.5$ となる。極端に規模の大きな事業所が少数ながら存在する結果，算術平均に比べて標準偏差が大きくなって，変動係数が大きめになっている。

6.5　度数分布表からのローレンツ曲線の作成とジニ係数の計算

▶6.5.1　階級内の分布に関する仮定

度数分布表からのローレンツ曲線とジニ係数の近似的な求め方を示すため，表 6–1 を例としてもちいる。

算術平均や分散の計算のときと同様に，度数分布表から近似的にローレンツ曲線を作成するときにも，階級内一定値の仮定，すなわち，「階級内の個体がすべて階級値に等しい x をもつ」と仮定する。この仮定の下で，すべての個体の x が 1 通りに定まる。しかも，階級内では，個体数の相対的な累積のスピードと変数の相対的な累積のスピードとが等しくなる。その結果，度数分布表からのローレンツ曲線の作成が簡便になる。

6.5.2　ローレンツ曲線の近似

ローレンツ曲線を作成するためには，変数の昇順に並べ替えた上で，個体の相対的な累積量（累積相対度数）と変数の相対的な累積量とを計算する必要がある。

度数分布表（**表 6–2**）には，累積相対度数は表示されている。この累積相対度数は，大雑把に変数の昇順に個体を並べ替えて個体数を累積した結果であると解釈できる。たとえば，第 1 階級に属する個体の変数の値は，どれも，第 2 階級の属する個体のそれよりも小さい。したがって，度数分布表（**表 6–2**）の相対累積度数に対応するように変数の相対的な累積量が近似計算できれば近似的なローレンツ曲線が描ける。

変数の相対的な累積量を近似計算するには，以下のようにする。階級内一定値の仮定のもとでは，その階級の変数の総量は，「階級値 × 度数」で計算できる。これらを下の階級から累積していけば，階級によって大雑把に昇順に並べたときの変数の累積量が計算できる。最後の階級の変数の累積量は，集団全体の変数の近似的な合計になる。この近似的な合

■表 6–3　度数分布表への累積度数・累積相対度数の追加

階級番号	従業者規模	階級値	事業所数	変数合計	変数の累積量	変数の相対的な累積量
1	3 人以下	2	1,064	2,128.0	2,128.0	0.195
2	4～ 9 人	6.5	366	2,379.0	4,507.0	0.414
3	10～ 19 人	14.5	117	1,696.5	6,203.5	0.569
4	20～ 29 人	24.5	45	1,102.5	7,306.0	0.671
5	30～ 49 人	39.5	19	750.5	8,056.5	0.740
6	50～ 99 人	74.5	16	1,192.0	9,248.5	0.849
7	100～199 人	149.5	6	897.0	10,145.5	0.931
8	200～299 人	249.5	3	748.5	10,894.0	1.000
	合　計		1,636	10,894.0		

資料：表 6–1

■図6–3　貴金属・宝石製品製造業における従業者数の近似的なローレンツ曲線

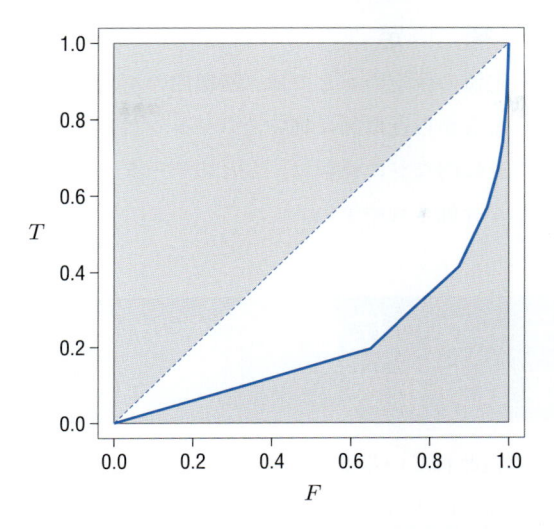

計で，おのおのの階級の変数の累積量を除せば，累積相対度数に対応するように変数の相対的な累積量が計算できたことになる．表6–3は，その計算の過程を示す．

表6–2の累積相対度数を横軸に，表6–3の変数の相対的な累積量を縦軸に下の階級から直線で結んでいけば，近似的なローレンツ曲線が描ける．ただし，始点は $(0, 0)$ とする．図6–3には，近似的に描いたローレンツ曲線を示す．ヒストグラム（図6–1）が右に強く歪んでいるので，ローレンツ曲線も均等線から大きく乖離している．

▶6.5.3　ジニ係数の近似計算

近似的なローレンツ曲線からジニ係数を計算する方法は，もともとのデータから計算する場合と同じである．つまり，ローレンツ曲線の下側をいくつかの台形に分割し，それらの面積の合計を2倍して1から減じる．図6–3にもとづいてジニ係数を求めると，0.59となる．ローレン

ツ曲線（図 6–3）から察せられるとおり，ジニ係数も大きくなっている．

▶6.5.4 補　足

階級内一定値の仮定のもとでは，階級内の不均等は 0 となる．このため，度数分布表から近似的に描いたローレンツ曲線と，それにもとづいて計算した近似的なジニ係数は，もとのデータから求めたものよりも不均等が小さく評価されやすい．

6.6　データ：広告業における資本金の度数分布表

表 6–1 で扱われている変数は従業者数である．従業者数は自然数である．自然数は，1, 2, 3, …のように，とびとびの値しか取らない．このような変数を**離散型変数**とよぶ．

表 6–1 の分析では，従業者数が離散型変数であることに配慮した．たとえば，階級内一様分布の下で累積分布関数を近似するとき，階級内の従業者数にその階級の度数を均等配分した．そのようにした理由は，離散型変数においては，たとえ近似であっても，分位点が自然数になる方がいいと判断したためである．

しかし，分析対象によっては，変数が連続的に変化する量であると想

■表 6–4　広告業における資本金階級別法人数（2010 年度）

	資本金階級（100 万円）						
	10 未満	10–20 未満	20–50 未満	50–100 未満	100–1,000 未満	1,000 以上	総数
法人数	20,872	11,944	1,779	554	476	27	35,652

資料：財務省「平成 22 年度法人企業統計調査」平成 22 年度統計表 1. 業種別規模別母集団分布表

定した方が自然である．その例として，広告業における資本金の度数分布をあらわした表 6–4 をあげる．

　厳密にいえば，資本金も離散型変数とみなせる．最小単位が 1 円であり，整数しか取らないからである．しかし，表 6–4 は 100 万円単位で資本金が表示されている．1 円単位で度数を均等配分して累積分布関数を近似するのは煩瑣である．むしろ，資本金を連続的に変化しうる変数とみなして分析するのが簡単である．

　身長や体重，時間などのように，連続的な値を取る変数を **連続型変数** とよぶ．資本金のように，整数しか取らないような変数であっても，便宜的に連続型変数と扱う場合もある．

6.7　連続型変数の場合の累積分布関数・分位点の近似

▶6.7.1　階級内の分布に関する仮定

　連続型変数については，階級内一様分布の仮定を若干変更しなければならない．なぜなら，階級内に出現しうる変数の値が無限にあるので，度数を個々の値に均等配分できないからである．

　そこで，連続型変数については，階級内一様分布の仮定の中身を以下のように定める．

- 階級の下限から階級幅の 1/10 の距離まで進んだところで，その階級に属する個体の 1/10 が登場する．
- 階級の下限から階級幅の 2/10 の距離まで進んだところで，その階級に属する個体の 2/10 が登場する．
- 以下同様に進め，階級の下限から階級幅の 10/10，つまり，階級上限に達したときにその階級に属する個体の 10/10，つまり全部が登場する．

いわば，区間としての階級幅全体に度数を比例配分する．これは，階級

内で密度を一様と仮定していると言い換えることもできる。

▶ 6.7.2　累積分布関数の近似

累積分布関数を描くには，度数分布表（表 6–4）から各階級の累積相対度数を計算する。表 6–5 はその結果を示す。

連続型変数用の階級内一様分布の仮定の下で，近似的な累積分布関数は，拡大した度数分布表（表 6–5）における，階級上限の値を横軸に，累積相対度数の値を縦軸に取って，小さい階級から順に直線で結んで描かれる。これは，階級内の密度を一様としていることの帰結である。

第 1 階級については，それよりも下位の階級がない。このことは，第 1 階級の下限よりも小さい値をもつ個体がないことを意味する。したがって，第 1 階級の下限よりも小さい t に対応する累積相対度数は 0 である。資本金の下限は 0 円であると想定して，$t < 0$ に対応する累積相対度数 $F(t)$ の値を 0 とする。第 1 階級においても，階級内一様分布の仮定を適用するので，第 1 階級の下限に対応する点 (0, 0) と第 1 階級の上限に対応する点 (10, 0.585) とを直線で結ぶ。

表 6–4 から近似計算する場合，少し困るのは最後の階級の上限が明示されていないことである。階級の下限または上限が明示されていない階級を **開放間隔** の階級とよぶ。

開放間隔の階級があるときには，開放されている下限ないし上限について何らかの値を想定することになる。表 6–4 では，最初の階級の下限も明示されていない。けれども，資本金に関しては，下限を 0 とするのは合理的であろう。最後の階級の上限については，そのような合理的な値は見つけにくい。想定した上限を明示するか，最後の階級については表示しないことにするか，どちらかの対処方法を取ることになる。表 6–5 において最後の階級の相対度数は微小であるので，表示しなくても全体的な印象が大きくは変わらない。

図 6–4 は，階級内一様分布の仮定の下での，広告業の資本金に関する近似的な累積分布関数を示す。資本金 10 百万円未満の事業所が大半で

■表6–5　広告業における資本金の度数分布表（累積相対度数を計算）

階級番号	下限（以上）	上限（未満）	度　数	相対度数	累積相対度数
1	0	10	20,872	0.585	0.585
2	10	20	11,944	0.335	0.920
3	20	50	1,779	0.050	0.970
4	50	100	554	0.016	0.986
5	100	1,000	476	0.013	0.999
6	1,000		27	0.001	1.000
		合　計	35,652	1.000	

資料：表6–4

■図6–4　広告業における資本金の近似的な累積分布関数

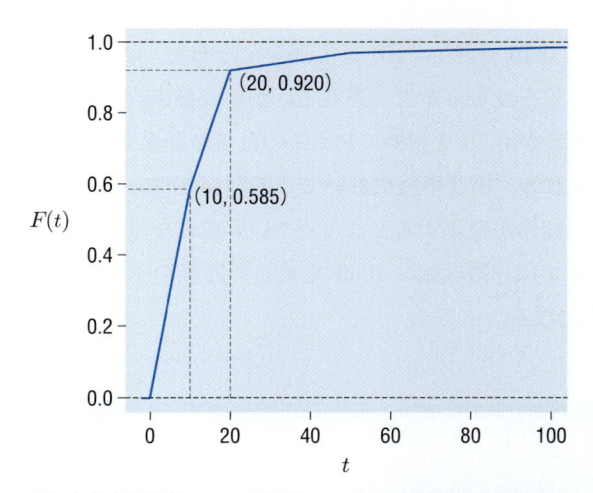

注：t は資本金額（単位：100万円），$F(t)$ は累積相対度数をあらわす。
　　階級内一様分布の仮定の下で，$t \leq 100$ までを表示している。
資料：表6–5

あり，資本金 20 百万円未満の事業所がほとんどであることが視覚的に表現されている。

6.7.3 分位点の近似

階級内一様分布の仮定の下で近似的な累積分布がひとたび求められれば，縦軸から出発して横軸の値を読むことによって近似的な分位点が求められる。

たとえば，図 6–4 から近似的に 75% 点を求めるにはつぎのようにする。縦軸の値が 0.75 である点をふくむのは，点 (10, 0.585) と点 (20, 0.920) とを結ぶ線分である。これら 2 点の縦軸の値を見て，小さい方の 0.585 から目標とする 0.75 までの長さは，小さい方から大きい方である 0.920 までのうち，$(0.75 - 0.585)/(0.920 - 0.585) ≒ 0.49$ を占める。他方，横軸の小さい方は 10 百万円，大きい方は 20 百万円である。小さい方である 10 百万円から階級幅 20 百万円 − 10 百万円 = 10 百万円の 0.49 倍進んだところが縦軸の 0.75 に対応する。したがって，近似的な 75% 点は，$10 + 0.49 \times (20 - 10) = 14.9$，すなわち，約 15 百万円となる。

同じ計算を度数分布表（表 6–5）から直接実行することもできる。累積相対度数が 0.75 を初めて超えるのは第 2 階級である。ここに 75% 点がふくまれる。第 2 階級において，下から $(0.75 - 0.585)/0.335 ≒ 0.49$ の割合の個体が登場するところが 75 % 点になる。階級内一様分布の仮定のもとでは，階級幅に 0.49 を乗じて階級の下限を加えれば近似的に 75% 点になる。

6.8 　算術平均と分散，標準偏差，ローレンツ曲線，ジニ係数の近似

算術平均と分散，標準偏差，ローレンツ曲線，ジニ係数の近似については，連続型変数と離散型変数との間に差はない。階級内一定値の仮定にもとづいて近似計算する。

連続型変数であれ離散型変数であれ，算術平均と分散，標準偏差，ローレンツ曲線，ジニ係数の近似については，開放間隔の階級の階級値をどのように設定するかによって，計算結果が異なることになる。とくに，

最後（最大）の階級の階級値の想定いかんでは，計算結果に大きな影響がおよぶことがある．開放間隔の階級ある度数分布表から算術平均等を計算せざるをえないときは，開放間隔の階級に想定した階級値を明示するのがよい．

試しに，表 6–4 において，最後の階級の階級値を複数想定して近似的な算術平均はどのくらい異なるかを調べてみる．想定する階級値（100 万円）を，2,000，4,000，6,000，8,000，10,000 と変化させると，近似的な算術平均（100 万円）は，19.7，21.2，22.8，24.3，25.8 と変化する．分布の裾が算術平均におよぼす影響は大きい．他の統計を確認するなどして，妥当な階級値を想定するのが肝要である．

6.9　累積相対度数の近似計算における変数の型の使い分け

第 6.3 節では，度数分布表から累積分布関数や分位点を近似する場合，離散型変数と連続型変数とで階級内一様分布の仮定の中身を変更すると説明した．「階級内で一様に分布する」ことの意味に忠実にしたがうなら，離散型変数の場合には階級内の離散的な値に相対度数を均等配分し，連続型変数の場合には階級内の連続的な値に相対度数を比例配分することになる．

しかし，離散型変数であっても，多数の階段があらわれる煩わしさを避けるため，あたかも連続型変数であるかのように近似的な累積分布関数を描くことが多い．すなわち，横軸に階級の上限（厳密には「以下」で定義した上限）を取り，縦軸にその階級の累積相対度数を取って，下位の階級から順次直線で結んでいくのである．多くの場合，このように描いても実用上問題はない．

ただし，表 6–1 のように，観察される変数（従業者数）の値の大きさが測定単位の 1 単位（1 人）に比べてそれほど大きくない個体が多いときには注意を要する．表 6–2 の階級の上限を横軸に，累積相対度数を縦軸に

取って直線で累積分布関数を描くと，図 6–2 にある階段の左端にある「●」を区分的に直線で結んだ曲線となる。それにもとづいて（つまり，連続型変数用の公式で）中央値を近似計算すると，$0+(0.5-0)/0.650 \times 3 \fallingdotseq 2.3$（人）となる。離散型変数用の近似では 3（人）であった。中央値そのものが小さいので，両者の差は大きいように受け取れる。

もし，この差が無視できないのであれば，つぎのように階級の下限・上限を修正する。第 1 階級は「0.5 人より大で 3.5 人以下」，第 2 階級は「3.5 人より大で 9.5 人以下」，以下同様である。つまり，第 1 階級の最多値である 3 人と第 2 階級の最少値である 4 人の中点を 2 つの階級の境界とし，他の階級も同様にするのである。このように下限・上限を修正しても，度数は変化しない。階級上限が 0.5 大きくなった結果，連続型変数であるかのように描いた近似的累積分布関数は，図 6–2 に描かれている階段の中点を区分的に直線で結んだ曲線となる。それにもとづいて近似した中央値は 2.8 人となり，四捨五入すれば離散型変数用の近似で求めた 3 人と等しくなる。他の任意の分位点についても，四捨五入すれば両者が等しくなる。

細かい注意点を長々と説明した。測定単位の 1 単位に比して，データの中の x が大きくない場合は，上で述べた点にも留意した方が安全である。もっとも，階級内一様分布の仮定そのものが厳密には成り立たないので，0.5 単位のズレに配慮すべき場面は少ない。

練習問題

6.1 表 6–6 には，持家・借家別の一戸建て住宅の敷地面積の度数分布が示されている。これについて，以下の問いに答えなさい。

(a) 持家・借家別にヒストグラムを描きなさい。

(b) 持家・借家別に近似的な中央値を求めなさい。

(c) 最大階級の上限の値を自分で設定して，持家・借家別に近似的な算術平均を計算しなさい。なお，正確な算術平均は，持家が $285\mathrm{m}^2$，借家が $134\mathrm{m}^2$ である。

(d) 持家と借家の敷地面積の分布を比較しなさい。

■表6–6 持家・借家別の一戸建て住宅の敷地面積の度数分布表（2008年）

所有形態	敷地面積（m²）										総数
	50未満	50–75	75–100	100–150	150–200	200–300	300–500	500–700	700–1,000	1,000以上	
持家	382	1,247	1,818	4,227	4,746	5,531	4,266	1,332	986	653	25,187
借家	214	427	351	383	245	177	89	19	11	6.1	1,921

（単位：1,000戸）

注1：たとえば 50–75 は，50m² 以上 100m² 未満であることをあらわす。
注2：総数には敷地面積不詳もふくむ。
資料：総務省統計研修所編 (2011)『第61回日本統計年鑑』表 18–17

6.2 広告業における資本金階級別法人数（**表 6–4**）について，以下の問いに答えなさい。

(a) 資本金に関するヒストグラムを描きなさい。分布の特徴についてまとめなさい。開放間隔の階級はどのように扱うのがよいか。

(b) 資本金の中央値を求めなさい。

第 7 章

分布のその他の表現方法

第 7 章では，ヒストグラムや分布関数以外の分布の視覚的な表現方法を説明する。具体的には，
- 幹葉表示
- 箱ヒゲ図

を紹介する。

7.1　データ：男女別識字率

表 7-1 は，各国の男女別識字率を示している。

分析に先立って，識字率について記す。識字率は「15 歳以上人口に対する識字人口の割合」と定義される[1]。そして，識字は，「日常生活の簡単な内容についての読み書きができること」と定義される[2]。識字率の国際比較などが意味をもつためには，各国における識字率の測定が均質的でなければならない。しかし，言語や社会，文化の異なる国々のあいだで，統一的な基準を設けるのは困難である。実際，「国より『識字』の定義が異なるため，利用上注意を要する」と指摘されている[3]。

とはいえ，第 8 章と第 9 章とで見るとおり，男女の識字率に強い関連が見出せることも事実である。本書では，識字率の測定の難しさを認識しつつも，データ分析の題材としてあえて取り上げることにした。以下，第 7 章では，表 7-1 における男女の識字率の分布を比較することを考える。

7.2　幹葉表示

分布を比較するのであるから，まずはヒストグラムを作成する。表 7-1 から作成したヒストグラムを図 7-1 に示す。ただし，階級幅を一様にしているので，縦軸を度数にしてある。紙面の節約のため，度数分布表の掲載は省略する。男の識字率の分布が女のそれよりも高位にあることや，男女とも左に裾の長い分布であること，などが分かる。

もとのデータから度数分布表やヒストグラムを作成する段階で情報の

1　総務省統計研修所編 (2011)『世界の統計 2011』解説参照。

2　総務省統計研修所編 (2011)『世界の統計 2011』解説参照。

3　総務省統計研修所編 (2011)『世界の統計 2011』解説参照。

■表 7-1　男女別識字率

国（地域）	男	女	国（地域）	男	女
アラブ首長国連邦	89.5	91.5	ギリシャ	98.2	95.9
イエメン	78.9	42.8	ポルトガル	96.5	92.9
イラク	86.0	69.2	マケドニア	98.6	95.4
イラン	87.3	77.2	マルタ	91.2	93.5
インド	75.2	50.8	アルジェリア	81.3	63.9
インドネシア	95.2	88.8	アンゴラ	82.8	57.0
オマーン	90.0	80.9	ウガンダ	82.4	66.8
カタール	93.8	90.4	エジプト	74.6	57.8
カンボジア	85.1	70.9	エチオピア	50.0	22.8
クウェート	95.2	93.1	エリトリア	77.0	54.5
サウジアラビア	89.5	80.2	ガーナ	72.3	59.3
シリア	90.0	77.2	カーボベルデ	89.6	79.3
シンガポール	97.4	91.6	カメルーン	84.0	67.8
スリランカ	92.2	89.1	ガンビア	56.7	34.3
タイ	95.6	91.5	ギニア	49.6	26.4
中国	96.7	90.5	ギニアビサウ	66.1	36.5
トルコ	96.2	81.3	コートジボワール	64.2	44.3
ネパール	71.1	45.4	コモロ	79.3	67.8
バーレーン	91.7	89.4	コンゴ民主共和国	77.5	56.1
パキスタン	66.8	40.0	ザンビア	80.6	61.0
バングラデシュ	60.0	49.8	シエラレオネ	51.7	28.9
フィリピン	93.3	93.9	スーダン	79.0	59.6
ブータン	65.0	38.7	セネガル	52.3	33.0
ベトナム	95.1	90.2	タンザニア	79.0	66.3
マレーシア	94.3	89.8	チャド	43.8	21.9
ミャンマー	94.7	89.2	中央アフリカ	68.8	41.1
ヨルダン	95.5	88.9	チュニジア	86.4	71.0
ラオス	82.5	63.2	トーゴ	76.6	53.7
レバノン	93.4	86.0	ナイジェリア	71.5	48.8
エルサルバドル	87.1	81.4	ニジェール	42.9	15.1
グアテマラ	79.5	68.7	ブルキナファソ	36.7	21.6
ジャマイカ	80.6	90.8	ブルンジ	72.3	59.9
ドミニカ共和国	88.2	88.3	ベナン	53.5	28.1
ニカラグア	78.1	77.9	ボツワナ	83.1	83.5
パナマ	94.1	92.8	マダガスカル	76.5	65.3
ホンジュラス	83.7	83.5	マラウイ	80.2	65.8
メキシコ	94.6	91.5	マリ	34.9	18.2
エクアドル	87.3	81.7	モーリタニア	64.1	49.5
コロンビア	93.3	93.4	モザンビーク	69.5	40.1
スリナム	93.0	88.4	モロッコ	69.4	44.1
パラグアイ	95.7	93.5	リベリア	63.3	53.0
ブラジル	89.8	90.2	ルワンダ	74.8	66.1
ペルー	94.9	84.6	バヌアツ	83.0	79.5
ボリビア	96.0	86.0	パプアニューギニア	63.6	55.8

（単位：％）

資料：総務省統計研修所 (2011)『世界の統計 2011』表 15-6

■図 7–1　各国の男女別識字率のヒストグラム

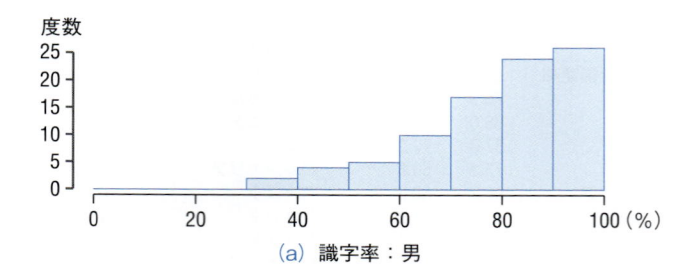

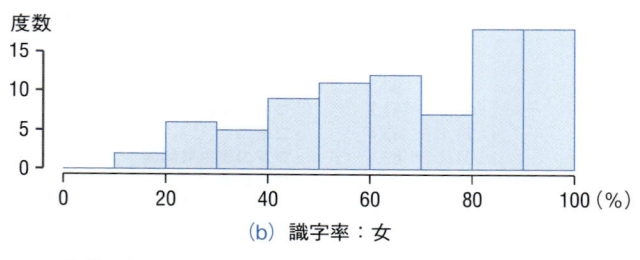

度数
(a) 識字率：男

度数
(b) 識字率：女

資料：表 7–1

損失が生じることは第 1 章で述べた。損失をできるだけ防ぎつつ，分布が視覚的に捉えられるように工夫した方法が**幹葉表示**である。

図 7–2 は，男女別識字率の幹葉表示をあらわす。図 7–2 は以下のことをあらわす。

- もとのデータ（表 7–1）の小数点第 1 位を四捨五入して整数に丸める。
- 縦線の左側の数値（幹）は識字率の 10 の位を示す。
- 縦線の右側の数値の 1 つ 1 つ（葉）は，データの 1 の位をあらわす。それらは，1 つの幹の中で昇順に並べてある。たとえば，女の識字率の幹葉表示の第 1 行目は，小数点第 1 位を四捨五入した結果，小さい順に，15% と 18% の個体があったことを意味する。

■図7–2　男女別識字率の幹葉表示

(a) 男の識字率の幹葉表示

```
3 | 57
4 | 34
5 | 002247
6 | 0344456799
7 | 012222555777889999
8 | 0011123333445667778
9 | 000000122333344455555566666677789
```

(b) 女の識字率の幹葉表示

```
1 | 58
2 | 223689
3 | 3479
4 | 00134459
5 | 00134566789
6 | 00134566678899
7 | 117789
8 | 0011124456668899999
9 | 00001122223333344456
```

資料：表7–1

1枚の葉が1つの個体に対応する。したがって，葉の枚数は度数に対応する。このことから，幹葉表示は数字の個数の多寡によって度数を視覚的にあらわしている。しかも，1の位の数字が保持されている。これによって，幹（階級）内の分布の様子が表示されている桁までは分かる。そのため，中央値などの分位点が，その桁数までは正確に近似できるようになっている。

7.3 箱ヒゲ図

今度は逆に，ヒストグラムを簡略化して分布の比較をしやすくする方法を考える。

図 7–1 に示されたヒストグラムから分布の中心の位置の違いやバラツキの程度を一目で読み取るのは難しい。また，比較の対象が 2 つよりも多くなると，比較することも難しくなる。

複数の分布の広がりと歪み，中心の位置，などを比較しやすくする工夫の 1 つに**箱ヒゲ図**がある。図 7–3 は，男女別識字率（％）の箱ヒゲ図を示す。男の識字率を例に図 7–3 の見方を説明する。

- 中心部の長方形（箱）とそこから左右に伸びた点線（ヒゲ）で分布の主要部分をあらわす。
- 長方形の中にある縦の実線は中央値を示す。男の識字率の中央値は 80％より少し高い。
- 長方形の左端と右端は，それぞれ，下側ヒンジと上側ヒンジをあらわす。下側ヒンジとは，最小値から中央値までのデータを使って計算した中央値をあらわす。上側ヒンジとは，中央値から最大値までのデータを使って計算した中央値をあらわす。前者は第 1 四分位点に近く，後者は第 3 四分位点に近い。したがって，分布の中央部約 5 割がどのあたりに分布しているかが長方形の左右の端で示されている。男の識字率の中央部約 5 割は，約 70（％）から 90（％）強の間に分布している。
- 長方形から左右に伸びるヒゲは以下のように描かれる。
    1. 上側ヒンジと下側ヒンジの差をヒンジの広がりとよぶ。これは，四分位範囲に近い。
    2. 下側ヒンジから，ヒンジの広がりの 1.5 倍を引いた値を下側の内壁とよぶ。下側の内壁以上のデータの中で最小の値のところまで点線を引き，その最小の値で縦に実線を引く。こ

■図 7–3　各国の男女別識字率の箱ヒゲ図

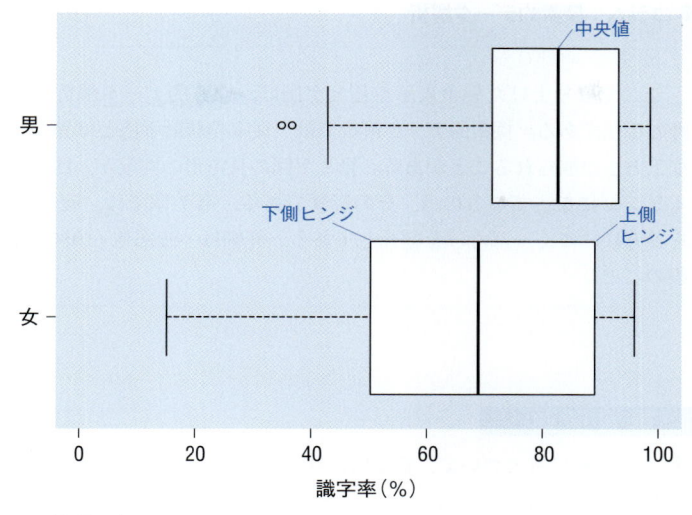

資料：表 7–1

れが左側のヒゲの端である。

3. 上側のヒンジに，ヒンジの広がりの 1.5 倍を足した値を上側の内壁とよぶ。上側の内壁以下のデータの中で最大の値のところまで点線を引き，その最大の値で縦に実線を引く。これが右側のヒゲの端である。

左右のヒゲの長さが等しくなるとは限らない。男の識字率については，左側のヒゲが長くなっており，分布が左に歪んでいることをあらわしている。

- 上下の内壁の間に収まらないデータは 1 つ 1 つ表示する。図 7–3 では「○」印で示されている。男の識字率については，極端に小さな値が 2 つあることが分かる。

箱ヒゲ図（図 7–3）で男女の識字率の分布を比較すると，男の識字率の分布が女のそれよりも高位に位置していることばかりでなく，女の識

字率の中央値よりも男の識字率の下側ヒンジの方が高いことが分かる。

> ❖ **コラム：探索的データ解析**
>
> ここで取り上げた幹葉表示や箱ヒゲ図は，探索的データ解析よばれる分野の手法である。探索的データ解析では，従来の統計手法とは異なる独特の加工方法が取られることがある。箱ヒゲ図の長方形の両端が，四分位点でなくヒンジになっているのは，その影響である。第 7 章では，渡部他 (1985) を参考に，ごく一部だけを紹介してある。詳細は，渡部他 (1985) などを参照のこと。

練習問題

7.1 表 1–4 にもとづいて，都道府県別の大学数について幹葉表示を作成しなさい。

7.2 表 5–2 の 2010（平成 22）年と 1998（平成 10）年の参議院選挙データそれぞれについて，有権者 1,000 人当たり議員定数 x の箱ヒゲ図を作成しなさい。有権者の数によって度数が定まることに気をつけること。箱ヒゲ図とローレンツ曲線と比較して，両者の長所・短所を考察しなさい。

第II部

2次元データの分析

第 8 章

相　　関

　第 8 章では，2 次元のデータの関係（相関）の捉え方を説明する。具体的には，
- 散布図の見方
- 相関の概念
- 共分散と相関係数

について基本的な考え方を述べる。

8.1 散布図

2次元データとは，1つの個体について，2種類の変数があたえられているデータを指す。

例として，男女別識字率（表7–1）を取り上げる。以下の説明では，男の識字率（%）を x，女の識字率（%）を y とする。

第7章では，x と y とを別々に要約して比較した。しかし，そのような分析方法では，x と y との関係が捉えられない。たとえば，男の識字率が高いときには女の識字率も高くなりやすいのかどうかは分析できない。両者の関係を調べるには，x と y の組み合わせ (x, y) を扱う分析方法が要る。

散布図は，2次元データの1つの変数を横軸に，もう1つの変数を縦軸に取り，1つ1つの個体を2次元の座標平面に打点したグラフである。

図8–1は，男の識字率 x を横軸に，女の識字率 y を縦軸に取った散布図を示す。観察点は「○」で示されている。45度の点線では男女の識字率が等しい。点線よりも下では男の識字率が高く，それよりも上では女の識字率が高い。観察点の多くが点線よりも下にあることから，男の識字率が女の識字率よりも高い傾向があることが分かる。それ以外に，以下の事実も読み取れる。

1. 男の識字率 x が高いと，女の識字率 y も高くなりやすい。x が低いと，y も低くなりやすい。

2. x（または y）が高くなるほど，観察点が45度の点線に近くなりやすい。

第1の事実は，x の変化の方向と y の変化の方向とが同じになりやすいことを述べている。散布図にあらわれた観察点の傾向が右上がりになることを，x と y とに**正の相関**があるという。この表現をもちいれば，男女の識字率には正の相関がある。

第2の事実は，一方の性の識字率が高いほど，両者の差が小さくなる

■図 8–1　各国の男女別識字率の散布図

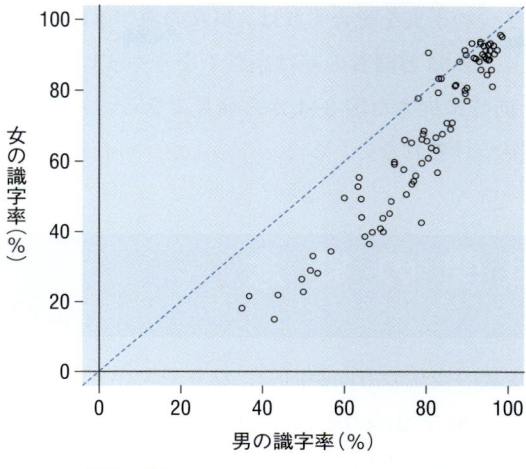

資料：表 7–1

■図 8–2　各国の男の識字率と識字率の男女差の散布図

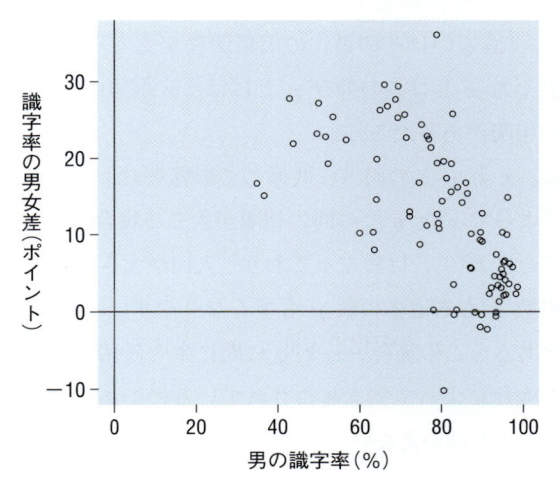

資料：表 7–1

8.1 散布図

ことを述べている。実際，横軸に男の識字率 x を取り，縦軸に男女の識字率の差 $z = x - y$ を取って散布図を描くと右下がりの傾向がある（図8–2）。この場合，x と z には**負の相関**があるという。

これら2つの事実を総合すれば，男女の識字率は共に高くなりやすく，両者が高くなるほど両者の差は小さくなりやすい。これらのことは，x と y とを同時に捉えた図 8–1 から発見できる。x と y とを別々に眺めたのでは見つけられない。

8.2 相関の概念

2つの変数の変化の方向が同じになりやすいとき，両者に正の相関があるという。逆に，2つの変数の変化の方向が反対になりやすいとき，両者に負の相関があるという。もし，2つの変数の変化の方向にはっきりした傾向が見られなければ，両者に相関がないという。散布図は，相関の符号を見分けるのに有効な方法である。

2つの変数に相関が発生する仕組みはいくつか考えられる。第1に，x から y へ（あるいはその逆）の因果関係がある場合である。たとえば，ゴムを引く力 x とゴムの伸び y とには，x が強いほど y が長くなるという正の相関があるだろう。

第2に，x と y との両方に共通して影響をおよぼす要因 f があり，f の変化によって x と y との間に相関が生じる場合である。たとえば，都道府県ごとに人口 f は異なっており，人口が大きい県ほど，その県内の柔道場の数 x も剣道場の数 y も多くなりやすいから，x と y とには正の相関がある。この場合，x と y に間に生じる相関は，共通の要因である人口の変化によって引き起こされているのであり，両者に直接的な因果関係があるとはいえない。「コラム：見かけ上の相関」（106 ページ）を参照のこと。

第3に，x と y とが無関係であっても，相関がある場合もある。たと

えば，年々の 1 世帯当たりインターネット普及率 x と 1 世帯当たり米消費量 y との間には負の相関がある。前者は上昇傾向にあり，後者は減少傾向にあるからである。しかし，前者は技術進歩の結果であり，後者は食生活の変化の結果である。直接的な関係があるとは考えにくい。

たとえ散布図から相関の存在が確認できても，散布図だけから相関発生の原因までは解明できない。たとえば，図 8–1 から男女の識字率に正の相関があり，男女の識字率の差と男（ないし女）の識字率とに負の相関があったとしても，その原因まで散布図から捉えることはできない。教育の浸透度が識字率で測定できるとすれば，図 8–1 は，教育の浸透は両性におよび，教育が浸透するほど男女格差が小さくなる，という主張と矛盾はしない。しかし，その主張だけを積極的に支持するものでもない。図 8–1 と矛盾しない説明が他にあるかもしれない。

8.3 共 分 散

第 8.3 節では，相関の符号をあらわす尺度としての共分散について説明する。

相関の強弱は散布図からも読み取れる。しかし，視覚的な印象は主観的である。また，散布図の描き方によって視覚的な印象は左右される。そこで，数値によって相関の強弱をあらわすことを考える。

その第一歩として，式 (8.1) で定義される**共分散** S_{xy} を導入する。

$$S_{xy} = \frac{1}{N} \sum_{i=1}^{N} (x_i - \bar{x})(y_i - \bar{y}) \tag{8.1}$$

ただし，(x_i, y_i) $(i = 1, 2, \ldots, N)$ はデータ，$\bar{x}$ と $\bar{y}$ は，それぞれ，x と y の算術平均をあらわす。

散布図が右上がりになるとき，共分散 (8.1) の符号は正になる。このことを，男女別識字率データ（表 7–1）を使って説明する。図 8–3 には，

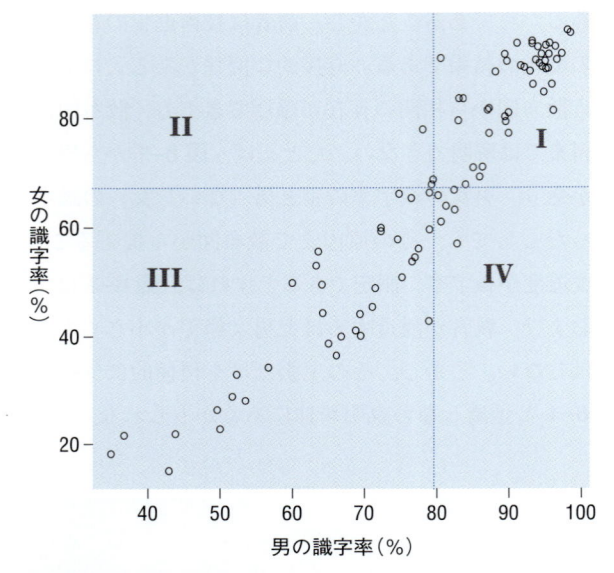

■図 8–3　各国の男女別識字率の散布図（共分散の説明のための図）

注：縦の点線は男の平均識字率，横の点線は女の平均識字率をあらわす。
資料：表 7–1

男の識字率 x を横軸に，女の識字率 y を縦軸に取った散布図を再掲する。散布図は 4 分割されている。すなわち，男の平均識字率を示す垂直方向の点線 $x = \bar{x}$ によって左右に，女の平均識字率を示す水平方向の点線 $y = \bar{y}$ によって上下に，両者によって 4 つの象限に分かれている。右上の象限の番号を I とし，反時計回りに II, III, IV と番号をつける。

第 I 象限では，すべての観察値について，$x_i > \bar{x}$, $y_i > \bar{y}$ である。したがって，そこでは $(x_i - \bar{x})(y_i - \bar{y}) > 0$ となっている。同じように考えれば，第 III 象限でも $(x_i - \bar{x})(y_i - \bar{y}) > 0$ となる。他方，第 II 象限と第 IV 象限では $(x_i - \bar{x})(y_i - \bar{y}) < 0$ となる。

共分散 (8.1) は，N 個の積 $(x_i - \bar{x})(y_i - \bar{y})$ の算術平均である。散布図が右上がりである結果，第 I 象限と第 III 象限とに多くの観察点が存

在すれば，共分散の符号は正になる。実際，**表7–1** から共分散を計算すると，$S_{xy} = 329$ となる。

これに対して，散布図が右下がりであれば，共分散の符号は負になる。実際，**図8–2** に示された，男の識字率 x と識字率の男女差 $z = x - y$ との共分散を計算すると $S_{xz} = -92$ となる。

もし，散布図が右上がりとも右下がりともいえないような場合には，共分散の絶対値は小さくなる。

以上の考察から，共分散 (8.1) の符号と相関の符号とが同じになることが分かった。むしろ，共分散の符号によって相関の符号を定めたというのが正しい。

8.4 相関係数

共分散は，相関の強弱をあらわすには不便である。たとえば，識字率 x と y の単位を 100 分比から 1,000 分比に変更すると，共分散の値は 100 倍になる。しかし，どちらの単位であらわしても，男女の識字率の関係は変わらない。実際，1,000 分比であらわした (x, y) で散布図を描き直しても，横軸と縦軸の目盛りがそれぞれ 10 倍されるだけで，視覚的な印象は変わらない。

この短所は**相関係数**で解決できる。相関係数は，2 つの変数の標準偏差の積で共分散を除して求められる。

$$r_{xy} = \frac{S_{xy}}{S_x S_y} \tag{8.2}$$

相関係数 (8.2) は，相関の強弱をあらわすのに適している。すなわち，

$$-1 \leq r_{xy} \leq 1$$

が成り立ち，r_{xy} の大小で相関の強弱があらわせる。r_{xy} が 0 に近いことは x と y の相関が弱いことをあらわす。r_{xy} が 1 に近いほど正の相関

が強いことをあらわす。$r_{xy} = 1$ となるのは，散布図のすべての観察点が，右上がりの直線状に存在する場合である。逆に，r_{xy} が -1 に近いほど負の相関が強いことをあらわす。$r_{xy} = -1$ となるのは，散布図のすべての観察点が，右下がりの直線状に存在する場合である。

男女の識字率（図 8–1）の相関係数は $r_{xy} = 0.94$ であり，強い正の相関がある。男の識字率 x と男女の識字率の差 $z = x - y$ の相関係数は $r_{xz} = -0.63$ であり，負の相関がある。

以上の説明から分かるとおり，相関係数で測る相関は，直線関係の強弱である。曲線的な関係の尺度としては不向きであることに注意しなければならない。相関係数による相関関係の要約が適切かどうかを判断するためにも，散布図は必ず描かなければならない。

❖ コラム：見かけ上の相関

図 8–4 は都道府県別の柔道場の数と剣道場の数との散布図である。かなり強い正の相関がある。相関係数は 0.97 である。しかし，このことから，剣道場と柔道場は併設されやすいというような結論を導くのは早計である。

■図 8–4　都道府県別柔道場数と剣道場数（平成 20 年）

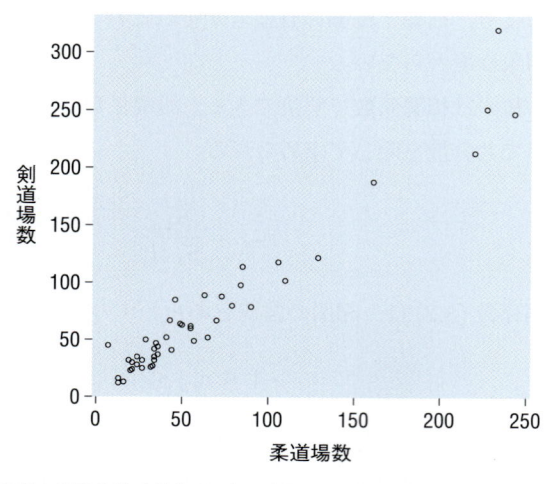

資料：総務省統計研修所編(2011)『第 61 回日本統計年鑑』表 23–15

第 8 章の本文でも指摘したとおり，都道府県ごとに人口は大きく異なっている．人口が多ければそれだけ剣道や柔道をする人も多くなる．愛好者が多ければ，それに合わせて剣道場や柔道場の数も多くなる．人口の多寡と同じ方向で剣道場・柔道場が増減している結果，図 8–4 のような強い正の相関が生じているのである．

　このように，明示されていない要因によって見かけ上の相関が生じることがある．都道府県別のデータでは，人口や年齢構成が都道府県によって異なることから見かけ上の相関が生じやすい．

　人口の影響を取り除いて 2 つの変数の影響を比べるには，1 人当たり（数字が小さくなって見づらい場合は，1,000 人当たり）に換算して比較するなどの工夫が要る．

練習問題

8.1　男女の識字率の相関係数を以下の手順で計算しなさい．
- (a)　男女それぞれの識字率の算術平均 $\bar{x}$, $\bar{y}$ を求める．
- (b)　男女それぞれの識字率の標準偏差 S_x, S_y を求める．
- (c)　男女の識字率の共分散 S_{xy} を求める．
- (d)　男女の識字率の相関係数 r_{xy} を求める．

8.2　都道府県別の小学校数（表 1–1）と中学校数，高等学校数，大学数（表 1–4）について以下の問いに答えなさい．
- (a)　横軸に小学校数，縦軸に中学校数を取った散布図を描きなさい．
- (b)　横軸に中学校数，縦軸に高等学校数を取った散布図を描きなさい．
- (c)　横軸に高等学校数，縦軸に大学数を取った散布図を描きなさい．
- (d)　3 つの散布図から，都道府県別の小学校と中学校，高等学校，大学の数についてどのような関係があるかを述べなさい．

第9章

回帰分析の基本

第9章では回帰分析について説明する。具体的には，
- 最小2乗法
- 回帰直線の意味
- 当てはまり具合の確認

の基本的な考え方について述べる。

9.1 最小2乗法

9.1.1 1次式による関係の要約

図 8–1 から判断して，男の識字率 x と女の識字率 y とには強い直線関係がある。両者の相関係数 0.94 も 1 に近く，直線関係が強いことを示している。そこで，両者の関係を 1 次式 $y = a + bx$ でまとめることを考える。

1 次式 $y = a + bx$ において，定数項 a と傾き b の値を決めれば，それに対応して散布図の中に 1 つの直線が定まる。逆に，散布図の中に 1 つの直線を定めれば，それに対応して a と b の値が 1 通りに決まる。つまり，a と b の値を決めることと散布図の中に直線を定めることとは同じことである。したがって，ここで検討しているのは，散布図（図 8–1）の中にどのような直線を引けば x と y との関係が適切に捉えられるか，という問題である。

「適切に捉えられる」ことの意味を決めるのは案外難しい。残念ながら，図 8–1 のすべての観察点を通過する直線はない。データの存在範囲と無関係なところに直線を引くことは論外としても，バラツキのあるデータのどこを中心部とみなすかには，いくつかの考え方がある。もっとも基本的なものは，以下に説明する最小 2 乗法である。

9.1.2 最小2乗法

最小 2 乗法を説明するために，残差を導入する。残差とは，観察された y の値と，直線によって予想される y の値との差と定義される。いま，観察された y の値を（これまでどおり）y_i で，直線によって予想される y の値を（区別のために）$\hat{y}_i = a + bx_i$ であらわす。残差 e は，

$$e_i = y_i - \hat{y}_i = y_i - a - bx_i \tag{9.1}$$

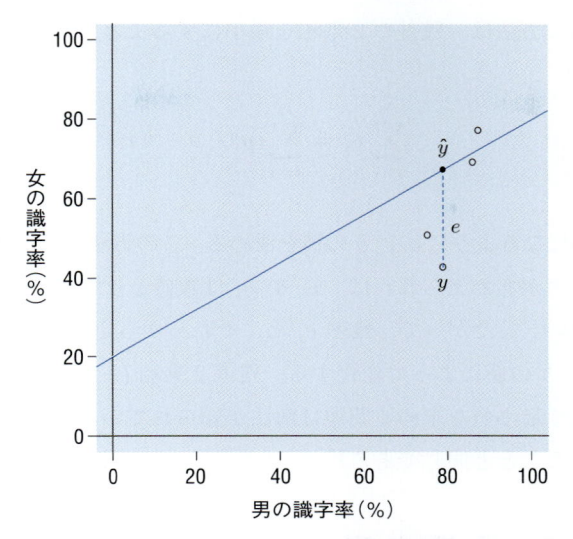

■図 9–1　観察された値 y と予想された値 $\hat{y}$, 残差 e との関係

注：表 7–1 から 4 つの観察点を選んでいる。仮の直線を $\hat{y} = 20 + 0.6x$ とする。

と定義される。ひとたびデータ (x_i, y_i) $(i = 1, 2, \ldots, N)$ があたえられると、データの値は勝手に変えられない。けれども、定数項 a や傾き b の値が変われば、直線によって予想される値 $\hat{y}_i = a + bx_i$ も変化するので、残差 $e_i = y_i - \hat{y}_i$ も変化する。つまり、データがあたえられたもとで、残差は a と b に応じて変化する。図 9–1 には、見やすくするために男女別識字率データから 4 つの点を勝手に選び、そのうちの 1 つの点について、y と $\hat{y}$, e の関係を示してある。仮の直線は $\hat{y} = 20 + 0.6x$ としてある。

残差 e_i とは、観察された y_i と予想された $\hat{y}_i$ との差であるから、0 に近いことが望ましい。しかし、すべての観察点を通過する直線がないのであるから、すべての残差を同時に 0 とすることはできない。そこで、全部の残差がなるべく 0 に近くなるように a と b を決めるのが次善の

策である。

　では,「全部の残差がなるべく 0 に近くなる」状態をどう表現すべきか。標準的な方法は,残差の 2 乗和を最小にすることである。つまり,

$$\sum_{i=1}^{N} e_i^2 = \sum_{i=1}^{N}(y_i - a - b\,x_i)^2 \tag{9.2}$$

が最小になるように a と b の値を決める。この方法を最小 2 乗法とよぶ。

　データがあたえられれば,x_i や y_i は数値として定まり,勝手に変更できない。したがって,残差 e_i と,それらから定まる残差 2 乗和 (9.2) は a と b の値によって変化する。残差 2 乗和 (9.2) を a と b の関数とみなして最小値を求める問題は解法が知られている（2 次関数の最小値を求めることと同じである）。

▶9.1.3　正規方程式

　結果だけを述べれば,以下の 2 つの式が同時に成り立つように a と b を決めればよい。

$$\sum_{i=1}^{N} e_i = 0 \tag{9.3}$$

$$\sum_{i=1}^{N} x_i\, e_i = 0 \tag{9.4}$$

式 (9.3) は残差の和が 0 になることを,式 (9.4) は x と残差の積の和が 0 となることをあらわしている。これらは,それ自体,重要な性質である。式 (9.3) と式 (9.4) によって解 a,b を求めることは,以下の連立方程式を解くことと同じである。

■図 9–2　各国の男女別識字率の散布図（回帰直線入り）

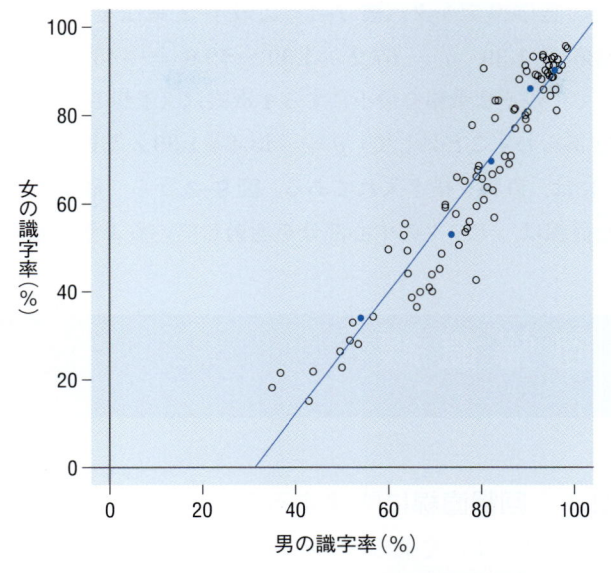

注：図中の「•」については本文の説明を参照のこと。
資料：表 7–1

$$N\,a + (\sum_{i=1}^{N} x_i)\,b = (\sum_{i=1}^{N} y_i) \tag{9.5}$$

$$(\sum_{i=1}^{N} x_i)\,a + (\sum_{i=1}^{N} x_i^2)\,b = (\sum_{i=1}^{N} x_i\,y_i) \tag{9.6}$$

この連立方程式を**正規方程式**とよぶ．データがあたえられて，x_i と y_i とに数値が代入されれば，正規方程式は a と b を未知数とする連立方程式である．さらに，実際の解は以下のように求められる．

$$b = \frac{S_{xy}}{S_x^2} = r_{xy}\frac{S_y}{S_x} \tag{9.7}$$

$$a = \bar{y} - b\bar{x} \tag{9.8}$$

男女の識字率データ（表 7–1）に最小 2 乗法を適用すると，$b = 329/236 = 1.39$，$a = 67.2 - 1.39 \times 79.6 = -43.4$ がえられる。したがって，残差 2 乗和を最小にする 1 次式は（予想される y であることを $\hat{y}$ とあらわすことにして）$\hat{y} = -43.4 + 1.39\,x$ と書ける。散布図（図 9–2）には，直線を描き入れてある。図 9–2 から，最小 2 乗法によって定めた直線は，データの中心部分を通過しているように見える。

9.2　回帰直線

▶9.2.1　回帰直線に関連する用語

最小 2 乗法によって求めた定数項 (9.8) と傾き (9.7) によって定まる直線 $\hat{y} = a + bx$ を**回帰直線**とよぶ。変数 x を**説明変数**（または独立変数），変数 y を**被説明変数**（または従属変数）とよぶ。定数項 a と傾き b とを合わせて**回帰係数**とよぶ。

変数 x を説明変数とし，変数 y を被説明変数として回帰直線を求めることを，「y を x に回帰させる」と表現することがある。以下では，y を x に回帰させたときの回帰直線の意味を少し詳しく見る。

▶9.2.2　回帰直線の性質

回帰直線の傾きは，式 (9.7) で決まる。式 (9.7) の右辺にある S_x^2 や S_x, S_y はすべて正である。したがって，傾き b の符号は，共分散 S_{xy} および相関係数 r_{xy} の符号と同じになる。このことから，散布図が右上がりなら傾き b は正に，右下がりなら負に，そうした傾向がはっきりないときには 0 に近くなることが分かる。

回帰直線の定数項は，式 (9.8) で決まる。式 (9.8) を変形すると，

$\bar{y} = a + b\bar{x}$ がえられる．変形後の式は，回帰直線が点 $(\bar{x}, \bar{y})$ を通ることを示す．x の算術平均 $\bar{x}$ は変数 x の中心の位置を，y の算術平均 $\bar{y}$ は変数 y の中心の位置をあらわす．このことから，回帰直線はデータの中心点を通過することが分かる．

9.2.3 条件つき平均としての回帰直線

さらに，図 9–2 のように，散布図が回帰直線を挟んだ円筒のように見えるときには，「x の値を所与としたときの y の平均値」が回帰直線であたえられる．このことを示すために以下のような試算を示す．

まず，男の識字率 x を昇順に 5 等分して（すなわち，第 1 五分位点，第 2 五分位点，…，第 4 五分位点を境にして）5 つのグループに分ける．つぎに，それぞれのグループにおいて男の識字率 x の算術平均と女の識字率 y のそれとを計算する．これで，5 組の（男の識字率の算術平均，女の識字率の算術平均）が出来上がる．それを散布図の中に描き込む．図 9–2 には「●」でその結果があらわされている．これらは，「x の下位 20% における，y の平均的な値」などに対応している．それらが，回帰直線の近くに位置している．このことから，男女の識字率データ（表 7–1）においては，回帰直線が「x の値を所与としたときの y の平均的な値」をあらわすとみなせる．

以上の考察から，推定された回帰直線 $\hat{y} = -43.4 + 1.39\,x$ における傾き 1.39 は，「男の識字率 x が 1 ポイント上昇すると，女の識字率の平均的な水準が 1.39 ポイント上昇する傾向がある」ことをあらわしていると解釈できる．傾きの値が 1 よりも大きいことは，男の識字率が上昇すると，女の識字率の上昇がそれよりも高くなる傾向があることを意味する．第 8 章で発見した事実，つまり，「女の識字率が低いときには男女差が大きいけれども，男女の識字率が高くなるにつれて男女差は小さくなる」という事実を，回帰直線は巧みに捉えている．

ただし，データによっては，最小 2 乗法による直線が，x を所与としたときの y の平均的な値と大きく乖離することがある．これは，もとも

とのデータにおいて，x と y との関係を直線で要約することに無理がある場合である。そのようなときは，回帰直線で2つの変数の関係を要約することを慎むのが無難である。そのような場合の対処方法の1つについては第10章（対数変換）で説明する。

9.2.4　もう1つの回帰直線

上では，y を x に回帰させたときの回帰直線の意味を説明した。2つの変数の役割を入れ換えて，x を y に回帰させたときの回帰直線 $\hat{x} = c + dy$ を求めることもできる。直線による2つの変数の要約が適切な状況では，この回帰直線は，y の値を所与としたときの x の平均的な水準を示す。

ただし，特殊な場合を除いて，$\hat{y} = a + bx$ と $\hat{x} = c + dy$ とは異なる直線になる。両者が一致するのは，$r_{xy}^2 = 1$ となるとき，つまり，散布図においてすべての観察点が直線上に位置している場合だけである。

9.3　当てはまり具合の確認：決定比

9.3.1　2乗和の分解

回帰直線の当てはまり具合を事後的に確認する方法を2つ紹介する。1つは数値による方法，もう1つは図による視覚的な方法である。

まず，数値による方法について説明する。そのために，回帰分析で重要な2乗和の分解について説明する。最小2乗法による回帰直線を $\hat{y}_i = a + bx_i$ （a と b は，式 (9.8)，(9.7) で決まる）とし，残差を $e_i = y_i - \hat{y}_i$ とする。

このとき，以下の式が成り立つ。

$$\sum_{i=1}^{N}(y_i - \bar{y})^2 = \sum_{i=1}^{N}(\hat{y}_i - \bar{y})^2 + \sum_{i=1}^{N} e_i^2 \qquad (9.9)$$

式 (9.9) が成り立つことは，最小2乗法の性質 (9.3) と (9.4) から導ける。

9.3.2 2乗和の分解の解釈

式 (9.9) の左辺は，観察された値 y と算術平均 $\bar{y}$ との偏差の 2 乗和である。N でこれを除せば，y の分散となる。したがって，これは観察された値 y のバラツキをあらわしているとみなせる。

式 (9.9) の右辺第 1 項は，回帰直線によって予想された値 $\hat{y}$ と算術平均 $\bar{y}$ との差の 2 乗和である。観察された値 y の算術平均と予想された値 $\hat{y}$ の算術平均とは等しくなることを示せる（残差の合計が 0 となるため）。してみれば，右辺第 1 項は，回帰直線によって予想された値 $\hat{y}$ の算術平均からの偏差の 2 乗和，つまり，$\hat{y}$ のバラツキをあらわしているとみなせる。回帰直線を「x を所与としたときの y の平均的な水準を予想する式」と解釈すれば，右辺第 1 項は，回帰直線で予想しえた y のバラツキとみなすことができる。

式 (9.9) の右辺第 2 項は，残差の 2 乗和である。最小 2 乗法では，残差の平均が 0 となる。したがって，右辺第 2 項は，残差の平均からの偏差の 2 乗和，つまり，残差のバラツキをあらわしているとみなせる。残差とは，観察された値 y と回帰直線で予想された値 $\hat{y}$ との差である。このことから，右辺第 2 項は，回帰直線で予想しえなかった y のバラツキとみなすことができる。

以上をまとめれば，式 (9.9) は，観察された値 y のバラツキ（左辺）が，回帰直線で予想できたバラツキ（右辺第 1 項）と予想しえなかったバラツキ（右辺第 2 項）との 2 つに分解できることをあらわしている。

9.3.3 決定比

この解釈にもとづいて，決定比を式 (9.10) で定義する。

$$R^2 = \frac{\sum_{i=1}^{N}(\hat{y}_i - \bar{y})^2}{\sum_{i=1}^{N}(y_i - \bar{y})^2} = 1 - \frac{\sum_{i=1}^{N} e_i^2}{\sum_{i=1}^{N}(y_i - \bar{y})^2} \qquad (9.10)$$

つまり，決定比 R^2 は，観察された値 y のバラツキ全体のうち，回帰直線によって予想しえた割合をあらわす。同じことを，観察された値 y のバラツキ全体のうち，回帰直線によって予想しえなかった割合を求め，

それを 1 から減じると表現してもよい。

式 (9.9) の右辺の 2 つの項が共に負にならないことから，$0 \leq R^2 \leq 1$ となる。

$R^2 = 1$ となるときは，$\sum_{i=1}^{N} e_i^2 = 0$ となるときである。これは，すべての観察点について $e_i = 0$ となることと同じである。つまり，すべての観察点が回帰直線の上に位置していることと同じである。

$R^2 = 0$ となるときは，$\sum_{i=1}^{N} (\hat{y}_i - \bar{y})^2 = 0$ となるときである。これは，すべての観察点について $\hat{y}_i - \bar{y} = 0$ となることと同じである。$\hat{y}_i$ が x_i の値によらず一定の値 $\bar{y}$ に等しくなるのだから，$\hat{y}_i = a + b x_i$ における傾き b は 0 でなければならない。式 (9.7) から，このことは共分散 S_{xy} と相関係数 r_{xy} とが 0 であること同じである。相関係数が 0 であるときには，x の変化の方向と y の変化の方向とにはっきりとした関係が見出せない。

まとめれば，決定比 R^2 が 1 に近いほど回帰直線の当てはまりがよく，0 に近いほど当てはまりが悪い。このため，R^2 は回帰直線の当てはまりの指標としてもちいられる。男女別識字率データについては，$R^2 = 0.89$ となる。

散布図における直線関係をあらわす指標として相関係数 r_{xy} をすでに説明した。決定比と相関係数との間には，$R^2 = r_{xy}^2$ という関係がある。

ここで R^2 を新たに紹介した理由は，2 乗和の分解 (9.9) が重要であることと，決定比 R^2 が重回帰分析（第 11 章）にも適用できることとにある。

9.4 当てはまり具合の確認：残差プロット

▶9.4.1 散布図への回帰直線の描画

回帰直線の当てはまり具合を視覚的に確認する方法として，まず，散

布図に回帰直線を描き込む方法があげられる．図 9–2 には，回帰直線が描き込んである．

確認の方法は以下のとおりである．直線による x と y の関係の要約が成功していれば，回帰直線はデータの中心部分を通過するはずである．つまり，回帰直線のどこを見ても，直線の上下におおよそ半々ずつ観察点が存在しているはずである．図 9–2 はこの条件を満たしている．

もし，回帰直線が散布図の中心部分を通過していないときには，たとえ R^2 が大きいとしても，直線によって2つの変数の関係を要約することには無理がある．

9.4.2 残差プロットの描き方と見方

回帰直線の当てはまり具合のもう1つの視覚的な確認方法は，**残差プロット**であたえられる．残差プロットとは，横軸に x を，縦軸に残差 e

■図 9–3　残差プロット

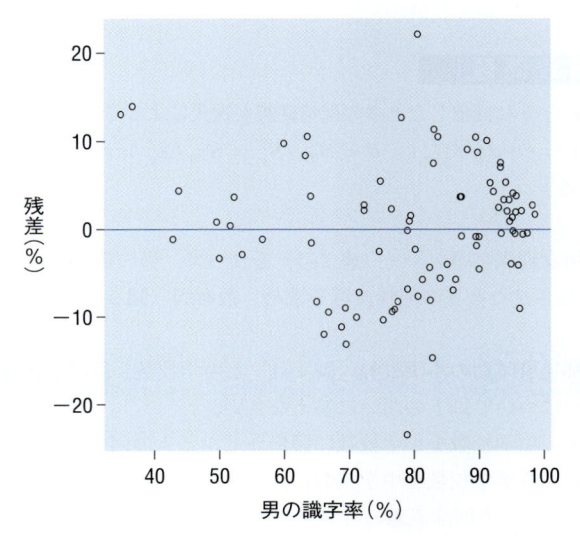

資料：表 7–1

を取り，観察値を打点した2次元グラフである。図 9–3 には，回帰直線 $\hat{y} = -43.4 + 1.39x$ にもとづく残差プロットが描かれている。

残差プロットの見方は以下のとおりである。直線による当てはめが成功していれば，回帰直線は散布図の中心部分を通過しているはずである。このことから，説明変数のどの値の近辺を見ても，正の残差と負の残差とがほぼ半々ずつ存在するはずである。図 9–3 はこの条件を満たしている。この条件が満たされないようなら，直線による2つの変数の要約が不適切であることを示唆する。

ここで述べた2つの視覚的な方法は，本質的に同じものである。なぜなら，観察点と回帰直線との縦軸方向の差が残差なので，図 9–2 の回帰直線を横軸と重なるように移動し，観察点もそれに合わせて移動すれば，図 9–3 となるからである。

しかし，残差プロットは，重回帰分析（第 11 章）の当てはまり具合の確認にもそのままもちいることができる。その意味で，より一般的な確認方法といえる。

練習問題

9.1　x を y に回帰したときの回帰直線が次式によって求められることを確かめよ。$\hat{x} = c + dy$ ただし，$d = S_{yx}/S_y^2 = S_{xy}/S_y^2 = r_{xy}(S_x/S_y)$，$c = \bar{x} - d\bar{y}$ である。

9.2　男女別識字率データ（表 7–1）を使って，男の識字率 x を女の識字率 y に回帰させたときの回帰直線を求め，散布図（図 9–2）に描き入れよ。

9.3　都道府県別の小学校数（表 1–1）と中学校数，高等学校数，大学数（表 1–4）について以下の問いに答えなさい。
  (a)　中学校数を小学校数に回帰させたときの回帰直線を求めなさい。
  (b)　高等学校数を中学校数に回帰させたときの回帰直線を求めなさい。
  (c)　2つの回帰直線の計算結果から「どの都道府県においても，小学校の半数ぐらいの中学校があり，中学校の半数ぐらいの高等学校がある」といえるかどうか。回帰直線の当てはまり具合で確かめなさい。

第10章

回帰分析の発展：対数変換

　第10章では，変数変換を援用した回帰分析について説明する。中でも，頻繁にもちいられる対数変換について詳しく述べる。具体的には，
- 変数変換を援用したデータの直線化
- 対数変換の意味
- 対数変換を援用した回帰直線

について基本的な考え方を述べる。

10.1 データ：都道府県別学習塾数と事業売上高

表10–1には，都道府県別の学習塾の数 x と，学習塾事業による売上高（100万円）y が示されている。図10–1には，x と y の散布図を示す。

図10–1から，x と y との関係が曲線的であることが分かる。実際，

■表10–1　都道府県別学習塾数と事業売上高

番号	都道府県	学習塾数	年間売上高	番号	都道府県	学習塾数	年間売上高
1	北海道	1,413	22,007	25	滋　賀	617	13,626
2	青　森	398	3,833	26	京　都	1,142	14,698
3	岩　手	339	3,502	27	大　阪	3,204	78,075
4	宮　城	857	9,511	28	兵　庫	2,780	47,097
5	秋　田	346	3,453	29	奈　良	595	10,749
6	山　形	303	2,770	30	和歌山	610	5,406
7	福　島	822	8,434	31	鳥　取	263	1,531
8	茨　城	1,116	14,799	32	島　根	217	938
9	栃　木	867	14,363	33	岡　山	712	18,802
10	群　馬	782	11,459	34	広　島	1,414	18,941
11	埼　玉	2,913	82,890	35	山　口	680	8,863
12	千　葉	2,295	62,381	36	徳　島	460	4,859
13	東　京	4,042	164,044	37	香　川	573	8,895
14	神奈川	3,259	83,500	38	愛　媛	722	9,353
15	新　潟	926	11,040	39	高　知	335	3,452
16	富　山	357	3,133	40	福　岡	1,731	29,436
17	石　川	458	4,026	41	佐　賀	334	2,727
18	福　井	287	4,152	42	長　崎	517	7,081
19	山　梨	342	3,566	43	熊　本	596	8,546
20	長　野	779	7,083	44	大　分	380	4,154
21	岐　阜	1,012	17,223	45	宮　崎	448	5,447
22	静　岡	1,725	19,759	46	鹿児島	634	8,458
23	愛　知	3,358	58,276	47	沖　縄	815	6,032
24	三　重	906	14,404		合　計	49,682	946,775

（年間売上高の単位：100万円）

注：学習塾業務を主業とする事業所数と学習塾業務に関する年間売上高。
資料：経済産業省「平成21年特定サービス産業実態調査（確報）」27 学習塾

図 10–1 に描き入れた回帰直線は，2 つの変数が直線では要約できないことをあらわしている。たとえば，x が 800 より少ないところでは，観察点のほとんどが回帰直線に上に位置している。その一方で，x が 800 から 3,000 のところでは，観察点のほとんどが回帰直線の下に位置している。さらに，x が 300 よりも少ないところでは，回帰直線による y の予想値は負になっている。売上高は正の値なので，これは不適切である。

念のために残差プロット（図 10–2）を見ると，x が 300 より少ないところではほとんどの残差が正になっている一方で，x が 800 から 3,000 のところでは，ほとんどの残差が負になっている。これらの事実は，x と y との関係を直線で要約することに無理があることを示唆する。

■図 10–1　都道府県別学習塾数と売上高

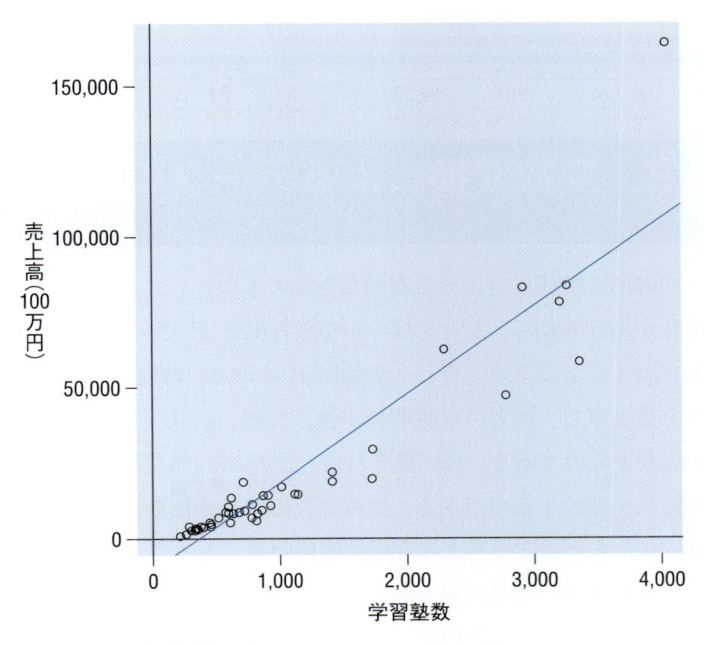

資料：表 10–1

■図10–2 残差プロット

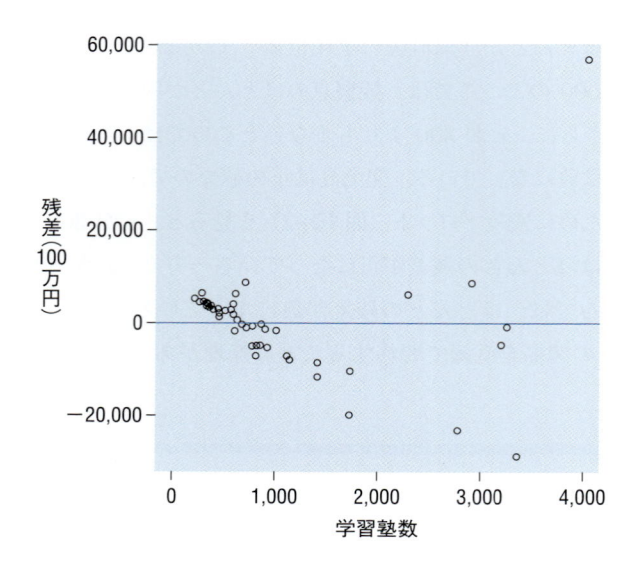

10.2 変数変換によるデータの直線化

　曲線的な関係に対処する有効な方法の1つとして，変数変換による直線化があげられる。たとえば，x の平方根を x' で，y の平方根を y' であらわすことにする。もし，横軸に x' を取り，縦軸に y' を取って散布図を描き直し，両者の直線関係が強ければ，y' を x' に回帰させて関係を要約するのである。言い換えれば，$\sqrt{y} = a + b\sqrt{x}$ という式で x と y の関係を要約するのである。試みにこの変数変換を実行してみると（図10–3），もとのデータよりも直線関係が強くなることが分かる。

　平方根変換の効果は以下のように説明できる。1よりも大きな値については，平方根がもとの数よりも小さくなる。そして，大きな数ほど縮小の程度が大きくなる。たとえば，16の平方根は4であるから，平方根

■図 10–3　都道府県別学習塾数と売上高（平方根変換）

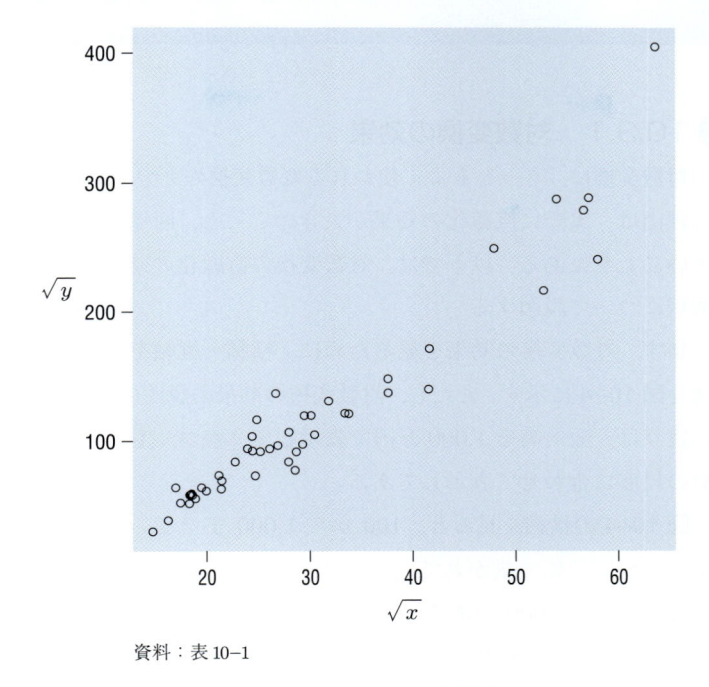

（縦軸：$\sqrt{y}$、横軸：$\sqrt{x}$）

資料：表 10–1

変換の結果，16 は 1/4 倍に縮小される。25 は 1/5 倍に縮小される。他方，1 よりも小さい数については，平方根がもとの数よりも大きくなる。つまり，平方根変換の結果，大きな数は相対的に小さめにされ，小さな数は相対的に大きめにされる。このような効果は，立方根変換などではさらに強くなる。

　平方根変換も立方根変換も，べき乗変換 $x' = x^\alpha$ の一種である。$\alpha = 1/2$ とすれば平方根変換であり，$\alpha = 1/3$ とすれば立方根変換である。べき乗変換には，逆数変換 $\alpha = -1$ もふくまれる。回帰分析でよくもちいられる変数変換の 1 つである。

10.3 対数変換

▶ 10.3.1 対数変換の効果

対数変換は,もっともよく使われる変数変換の1つである[1]。多用される理由は,実際に直線化の効果が大きいことと,回帰係数の解釈がしやすいこととにある。以下では,対数変換の直線化の効果と,回帰係数の解釈について説明する。

まず,対数変換の効果を見るために,横軸・縦軸を対数変換した散布図を図10–4に示す。ただし,対数変換の効果の説明のため,図10–4の目盛りは,売上高を 1,000 万円で表示して,かつ,もとの変数の値を対数の尺度に合わせて表示してある。

図10–4の横軸を見ると,100 から 1,000 までと,1,000 から 10,000 までとが同じ幅で描かれている。100 の 10 倍が 1,000 であり,1,000 の 10 倍が 10,000 である。つまり,対数変換した場合,長さが等しいことは比率ないし変化率が等しいことをあらわす。図10–4 では縦軸も対数変換してあるので,長さが等しければ変化率も等しくなっている。

▶ 10.3.2 弾力性

図10–4 が示すとおり,都道府県別の学習塾の数 x とその売上高 y との両方を対数変換して散布図を描き直すと,強い直線関係があらわれる。x を対数変換した値を x',y を対数変換した値を y' とあらわせば,1次式 $\hat{y}' = a + bx'$ が x と y との関係を捉えるのに適している。

図10–4 では,横軸・縦軸の長さが,それぞれ,x と y の変化率に対応する。したがって,回帰係数 b は,x の変化率に対する y の変化率の比を意味する。このような b を**弾力性**とよぶ。

対数変換して散布図を描くと直線的な関係があらわれるということは,

---

[1] 対数変換の基本性質は第 10 章の練習問題 10.2 に説明してある。

■図 10–4　都道府県別学習塾数と売上高（対数変換）

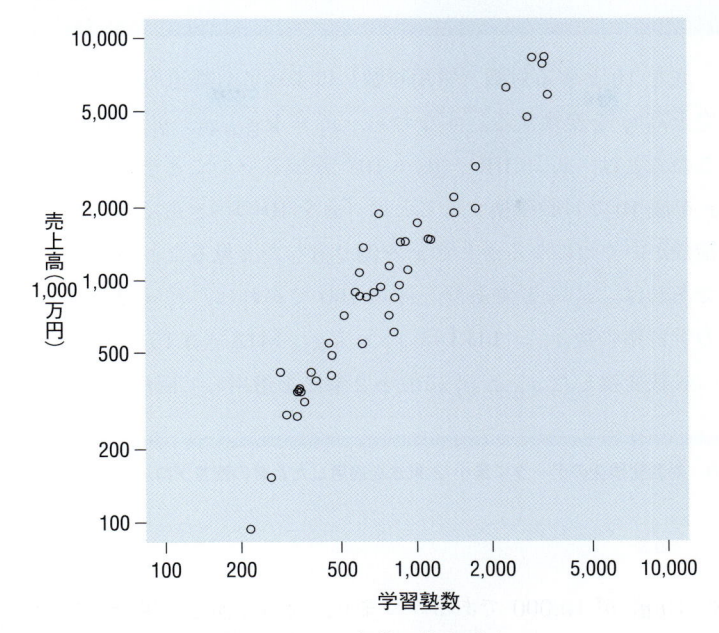

注：目盛りはもとの変数の値を示す。
資料：表 10–1

x の変化率と y の変化率の比が安定的であることを意味する。つまり，学習塾の数 x とその売上高 y との関係を捉えるには，「都道府県内の学習塾の数が 1% 増加すると売上高が何% 増加するのか」（弾力性の解釈）という測り方が適切であり，「学習塾の数がいくつ増えると，売上高がいくら増えるか」（変数変換をしないときの回帰直線の傾きの解釈）と測るべきではない。

対数変換においても，大きな数値が相対的に小さくなり，小さな数値が相対的に大きくなる。対数変換は，べき乗変換の一種と解釈することもできることが知られている[2]。

10.4 最小2乗法の適用

底を 10 とする対数（常用対数）によって，都道府県別学習塾数 x と売上高 y を変換する。すなわち，$x'_i = \log_{10} x_i$, $y'_i = \log_{10} y_i$ とする。このことは，$x_i = 10^{x'_i}$, $y_i = 10^{y'_i}$ が成り立つことを意味する。つまり，x を底 10 で対数変換することは，「x を 10 のべき乗であらわすとしたら，指数がいくつになるか」で x を測り直したと見ることもできる。$x_i = 10$ であれば，$x'_i = 1$ であり，$x_i = 100$ であれば，$x'_i = 2$ となる。北海道の学習塾の数 $x_1 = 1413$ は $x'_1 = \log_{10} 1413 \fallingdotseq 3.15$ と変換される。

対数変換した x'_i と y'_i に最小2乗法を適用して回帰係数をえる。その

■図 10–5　対数変換後のデータに最小 2 乗法を適用したときの残差プロット

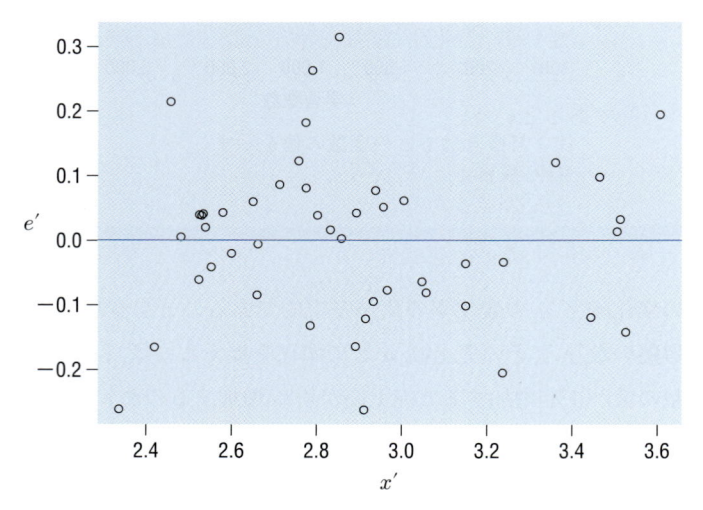

注：常用対数を利用した。
資料：表 10–1

2　Box–Cox 変換とよばれる，べき乗変換を一般化した変換において，対数変換が 0 乗に対応する

結果は，
$$\hat{y}' = -0.06 + 1.41x'$$

となる。残差 $e'_i = y'_i - \hat{y}'_i$ を縦軸に，x'_i を横軸に取った残差プロットは，x'_i のどの水準においても正の残差と負の残差とが半々程度あり，当てはまりがよいことを示している（図 10–5）。

10.5 弾力性の見方

▶10.5.1 弾力性と曲線の形状

対数変換したデータからえられる回帰直線の傾き（弾力性）b の大きさは，もともとのデータの曲線の形状を示す便利な指標である。すなわち，$b > 1$ であれば y が x の変化に対して弾力的であり，$b = 1$ であれば y が x に比例的であり，$0 < b < 1$ であれば y が x の変化に対して非弾力的であるという。

y が x の変化に対して弾力的であること，つまり，$b > 1$ であることを都道府県別学習塾数 x と売上高 y との関係をもちいて説明する。そこでは，弾力性が $b = 1.41$ である。弾力性は，x の変化率に対する y の変化率の割合をあらわす。その数値が 1.41 であるということは，x がたとえば 1% 増加すると y が 1.41% 増加する傾向があることをあらわす。つまり，x の変化のスピードよりも y の変化のスピードの方が速い。x が大きくなるにつれて y はそれよりも速く大きくなっていくので，散布図は尻上がりになる。実際，図 10–1 は尻上がりになっている。

同じことを対数の性質を使ってつぎのように説明することもできる。$\log_{10} y = a + b \log_{10} x$ を，対数の性質を使って同じ意味の式に書き換えると，$y = A x^b$ となる。ただし，$A = 10^a$ である。つまり，対数変換によって直線化できる関係は指数関数 $y = A x^b$ である。$b > 1$ のときには尻上がりの曲線となる。

■図 10–6　散布図（対数変換にもとづく予想値）

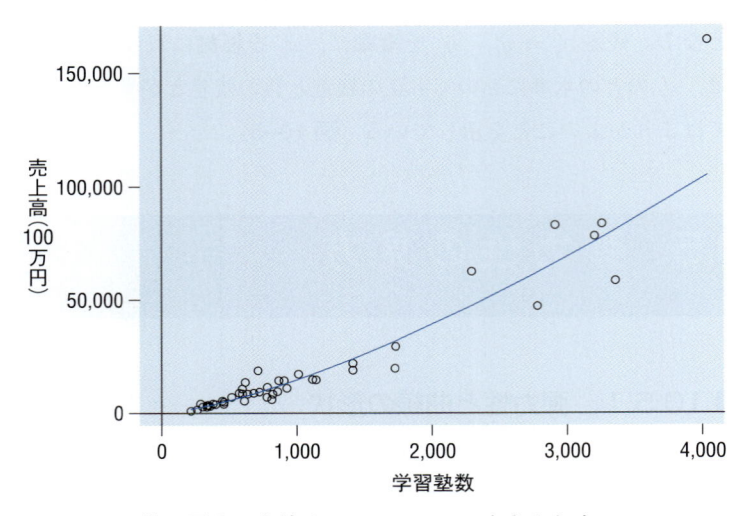

注：図中の実線は $y = 10^{-0.06} x^{1.41}$ をあらわす。
資料：表 10–1

　散布図に $y = 10^{-0.06} x^{1.41}$ を描き入れる（**図 10–6**）。直線による当てはめに比べて，全体的な当てはまり，とくに，x が小さいところでの当てはまりが改善されている。

　弾力性をあらわす係数が $b = 1$ であれば，指数関数は $y = Ax$ となる。つまり，y は x に比例する。両者が比例関係にあれば，両者の変化のスピードは等しくなる。

　弾力性をあらわす係数が $0 < b < 1$ であれば，右上がりながら頭打ちの曲線となる。x の変化のスピードよりも y の変化のスピードが遅いので，曲線の勾配が徐々に緩やかになる。

10.5.2　弾力性と y/x の値

都道府県別学習塾数 x と売上高 y の分析にもどる。x に対する y の弾力性が 1 より大きい（$b = 1.41$）ことは，「学習塾の数が多い都道府県ほど，学習塾の規模が大きい傾向がある」とも解釈できる。

なぜなら，指数関数 $y = Ax^b$ の両辺を x で除すと $(y/x) = Ax^{b-1}$ となる。左辺は，x の 1 単位当たりの y である。つまり，ある県における 1 学習塾当たりの売上高である。$b > 1$ であれば，$A > 0$ である限り，x の増加と共に右辺の Ax^{b-1} は増加する。したがって，1 学習塾当たりの売上高 (y/x) も増加する。すなわち，学習塾が多くある都道府県ほど，売上高の高い学習塾が相対的に多くあることになる。

10.6　1次元データへの対数変換の適用

10.6.1　分布の歪みの矯正

対数変換は，1 次元データにも適用される。その効果を見るために，表 10–1 の学習塾の年間売上高 y に対数変換の前と後のヒストグラムを比較する。

図 10–7 は，もとの（対数変換前の）売上高のヒストグラムを示す。ただし，階級幅を一様にしているため，縦軸には度数を目盛っている。図 10–7 から明らかなとおり，都道府県別の学習塾の売上高の分布は強く右に歪んでいる。

これに対して，図 10–8 は，対数変換後の売上高のヒストグラムを示す。ただし，対数変換後の値で目盛りを表示している。階級幅を一様にしているため，縦軸には度数を目盛っている。対数変換後のデータは，右への歪みが矯正されて，対称な分布に近づいている。対称な分布の方が非対称な分布よりも扱いやすい。このことから，対数変換は 1 次元データにも利用されることがある。

■図10–7　都道府県別学習塾の売上高のヒストグラム

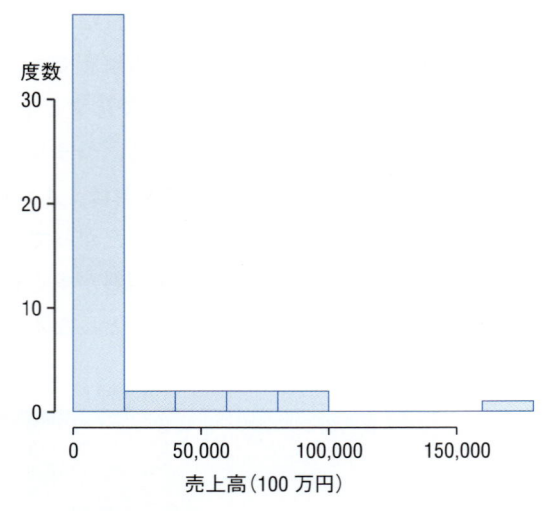

資料：表10–1

■図10–8　都道府県別学習塾の売上高のヒストグラム（対数変換）

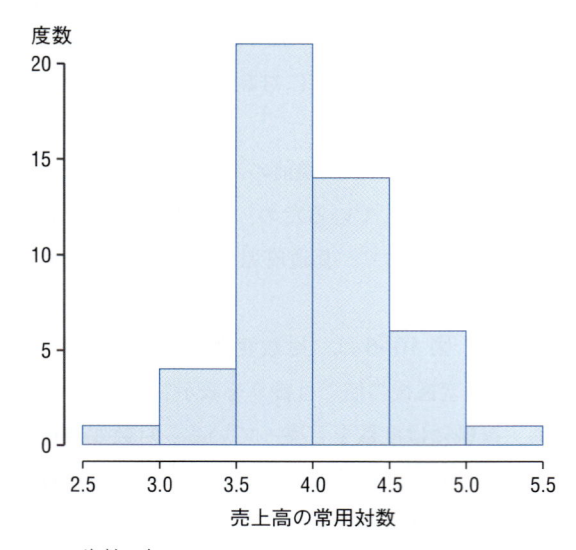

資料：表10–1

対数変換によって右への歪みが矯正される理由は，以下のように説明できる。対数変換は，大きな値の差を小さめに，小さな値の差を大きめにする効果があった。図 10–7 のように右に歪んだ分布においては，対数変換によって分布の右裾における差が縮小され，分布の左裾における差が拡大される。それぞれの裾における正反対の作用の結果，対数変換後のヒストグラムは対称に近くなる。

練習問題

10.1　表 10–2 は，北海道における市町村別のそば（蕎麦）の作付面積（ヘクタール）x と収穫量（トン）y を示す。表 10–2 について以下の問いに答えなさい。

　　(a)　x を横軸に，y を縦軸に取った散布図を描きなさい。

　　(b)　$x' = \log_{10} x$ を横軸に，$y' = \log_{10} y$ を縦軸に取った散布図を描きなさい。

　　(c)　x と y との関係を要約する上で，対数変換すべきかどうか。散布図から判断しなさい。

　　(d)　弾力性の大きさから，収穫量 y が作付面積 x に対して弾力的であるかどうかを判定しなさい。

10.2　（対数の性質）正の数 u と実数 α について，$u = 10^\alpha$ となるときに，$\log_{10} u = \alpha$ と書くことにする。これを，底を 10 とする u の対数（常用対数）とよぶ。指数の性質 $10^\alpha \times 10^\beta = 10^{\alpha+\beta}$ を利用して，任意の正の数 u, v について，$\log_{10} uv = \log_{10} u + \log_{10} v$ が成り立つことを確かめなさい。指数の性質 $(10^\alpha)^\beta = 10^{\alpha\beta}$ を利用して，正の数 u と任意の実数 b について，$\log_{10} u^b = b \log_{10} u$ が成り立つことを確かめなさい。これらの性質を利用して，$\log_{10} y = a + b \log_{10} x$ と $y = A x^b$（ただし，$A = 10^a$）とが同じであることを確かめなさい。

■表10-2 北海道における市町村別そば作付面積と収穫量（2010年）

番号	市町村	作付面積	収穫量	番号	市町村	作付面積	収穫量
1	札幌市	12	10	43	雨竜町	214	119
2	旭川市	883	618	44	北竜町	376	224
3	北見市	80	46	45	沼田町	467	285
4	夕張市	3	2	46	鷹栖町	109	53
5	岩見沢市	191	107	47	東神楽町	168	114
6	留萌市	40	28	48	当麻町	253	96
7	美唄市	205	70	49	比布町	71	48
8	芦別市	174	58	50	愛別町	104	72
9	江別市	9	5	51	上川町	181	156
10	赤平市	114	35	52	東川町	205	167
11	士別市	290	211	53	上富良野町	37	36
12	名寄市	278	227	54	南富良野町	225	245
13	三笠市	13	6	55	和寒町	294	250
14	千歳市	45	38	56	剣淵町	310	231
15	滝川市	364	141	57	下川町	145	116
16	砂川市	189	89	58	美深町	121	111
17	深川市	1,810	1,060	59	音威子府村	631	780
18	富良野市	62	63	60	幌加内町	2,760	2,230
19	恵庭市	25	20	61	増毛町	97	34
20	北広島市	33	25	62	小平町	68	46
21	石狩市	88	56	63	羽幌町	87	77
22	知内町	63	30	64	初山別村	20	17
23	江差町	23	14	65	遠別町	13	12
24	厚沢部町	67	40	66	美幌町	28	50
25	今金町	43	24	67	斜里町	52	58
26	せたな町	62	41	68	清里町	57	78
27	島牧村	7	5	69	佐呂間町	104	51
28	蘭越町	356	239	70	遠軽町	97	115
29	ニセコ町	19	14	71	厚真町	17	13
30	喜茂別町	3	3	72	平取町	10	6
31	京極町	10	9	73	浦河町	6	1
32	共和町	205	148	74	音更町	39	44
33	岩内町	10	6	75	上士幌町	8	11
34	仁木町	42	26	76	鹿追町	84	118
35	奈井江町	64	35	77	新得町	173	195
36	長沼町	57	27	78	清水町	34	35
37	栗山町	3	1	79	芽室町	5	6
38	月形町	23	15	80	幕別町	45	57
39	浦臼町	201	125	81	浦幌町	10	6
40	新十津川町	480	226	82	弟子屈町	137	112
41	妹背牛町	36	20	83	中標津町	104	133
42	秩父別町	218	126	84	標津町	13	13
					（単位）	(ha)	(t)

資料：農林水産省「平成22年作物統計調査」表4。ただし，作付面積や収穫量の表示のない市町村を除く。

第11章

回帰分析の発展：重回帰分析

　第11章では，説明変数の種類が複数である回帰分析について説明する。具体的には，
- 回帰直線の拡張
- 説明変数が2種類あるときの最小2乗法
- 重回帰分析の当てはまり具合の確認

について，基本的な考え方を述べる。

11.1 データ：家賃と所得，人口密度

表 11–1 は，都道府県別の 1 か月当たり家賃（円）と 1 人当たり県民所得（1,000 円），人口密度（人/km^2）を示す。家賃は，借家の需給に影響される。素朴に考えれば，ある地域に居住している人の混雑度（人口密度）が高いほど，住宅に対する需要が増すので家賃が高くなる傾向があるだろう。また，住宅に支払える資金（所得）が大きいほど，住宅に対する需要が増すので家賃が高くなる傾向があるだろう。

家賃と，その他の 2 つの変数との間の関係式を求めるのが第 11 章の目標である。

11.2 回帰直線の拡張

▶ 11.2.1 散布図行列と相関係数行列

図 11–1 に家賃の常用対数値 y と 1 人当たり県民所得の常用対数値 x，人口密度の常用対数値 z の **散布図行列** を示す。ここで，散布図行列とは，1 つの被説明変数と 2 つの説明変数から 2 変数を取るすべての組み合わせについて，散布図を $3 \times 3 = 9$ 個のセルに表示したものである。たとえば，図 11–1 の右上のセルにある散布図は，横軸を人口密度の常用対数値 z に，縦軸を家賃の常用対数値 y にした散布図を示す。図 11–1 から y と x との間にも，y と z との間にも正の相関があることが分かる。

なお，対数変換した理由は，散布図にあらわれた家賃（被説明変数）と 1 人当たり県民所得または人口密度（両者は説明変数）との関係が捉えやすくなると判断したためである。以下では，対数変換した値を y, x, z と記していることに注意されたい。

■表 11–1　都道府県別の家賃と 1 人当たり県民所得，人口密度

番号	都道府県	家賃	1人当たり県民所得	人口密度	番号	都道府県	家賃	1人当たり県民所得	人口密度
1	北海道	39,542	2,389	70	25	滋賀	44,994	2,984	351
2	青森	36,980	2,369	142	26	京都	50,362	2,924	572
3	岩手	39,569	2,267	87	27	大阪	53,822	3,004	4,670
4	宮城	46,712	2,473	322	28	兵庫	53,256	2,740	666
5	秋田	39,598	2,297	93	29	奈良	46,929	2,526	379
6	山形	41,718	2,327	125	30	和歌山	36,582	2,546	212
7	福島	39,619	2,743	147	31	鳥取	40,043	2,304	168
8	茨城	44,547	2,943	487	32	島根	37,370	2,241	107
9	栃木	45,685	2,917	313	33	岡山	43,578	2,662	273
10	群馬	42,249	2,693	316	34	広島	46,318	2,834	337
11	埼玉	59,197	2,933	1,894	35	山口	37,872	2,843	237
12	千葉	57,883	2,976	1,206	36	徳島	40,365	2,685	190
13	東京	76,648	4,155	6,017	37	香川	42,799	2,578	531
14	神奈川	68,009	3,198	3,746	38	愛媛	39,889	2,285	252
15	新潟	42,046	2,618	189	39	高知	37,891	2,046	108
16	富山	42,924	2,949	257	40	福岡	45,413	2,644	1,019
17	石川	44,288	2,818	280	41	佐賀	39,264	2,455	348
18	福井	43,165	2,724	192	42	長崎	38,732	2,157	348
19	山梨	42,816	2,729	193	43	熊本	39,084	2,265	245
20	長野	42,878	2,717	159	44	大分	38,066	2,562	189
21	岐阜	43,246	2,658	196	45	宮崎	36,727	2,130	147
22	静岡	51,161	3,215	484	46	鹿児島	37,782	2,253	186
23	愛知	51,169	3,234	1,434	47	沖縄	41,753	2,039	612
24	三重	43,339	2,829	321		(単位)	(円)	(1,000 円)	(人/km²)

資料：総務省統計研修所編 (2011)『第 61 回日本統計年鑑』表 2–3，表 3–14，表 18–16

11.2 回帰直線の拡張

　散布図行列の表記法と同じように**相関係数行列**を示すと**表 11–2** になる。**表 11–2** で，たとえば，右上（第 (1,3) 要素）の 0.87 は，家賃の常用対数値 y と人口密度の常用対数値 z との相関係数をあらわす。同じ変数どうしの相関係数は必ず 1 になる。

■図11-1 家賃と1人当たり県民所得，人口密度（すべて常用対数変換）の散布図行列

資料：表11-1

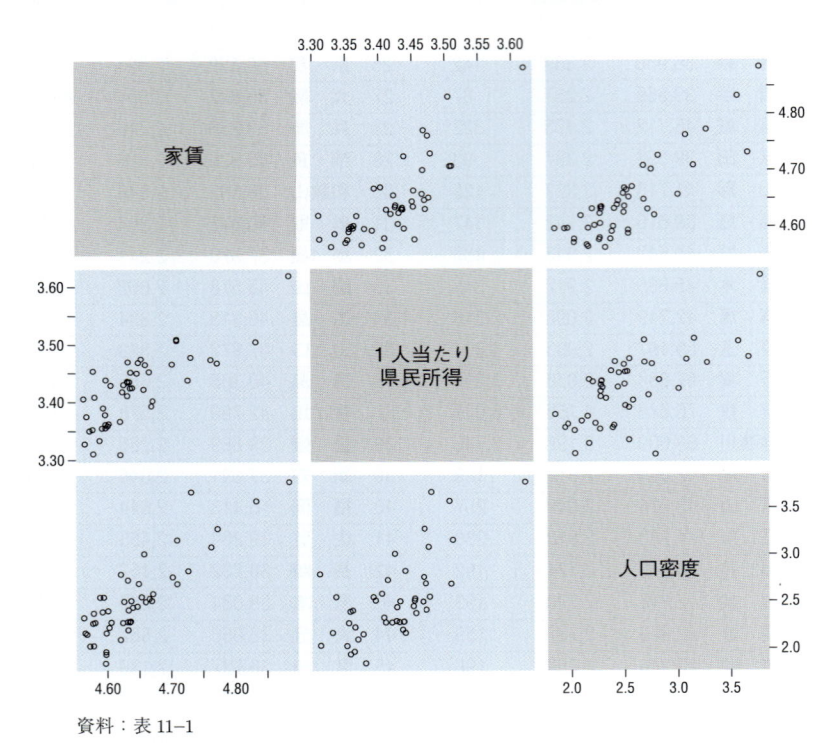

■表11-2 家賃と1人当たり県民所得，人口密度（すべて常用対数変換）の相関係数行列

	家　賃	1人当たり県民所得	人口密度
家　賃	1.00	0.78	0.87
1人当たり県民所得	0.78	1.00	0.68
人口密度	0.87	0.68	1.00

資料：表11-1の数値を常用対数で変換した。

11.2.2 重回帰式

1人当たり県民所得と人口密度とは，それぞれ，異なる影響を家賃におよぼしていると予想される。たとえ人口密度が同じであっても，1人当たり県民所得が高ければ，家賃も高くなると予想される。なぜなら，所得に余裕があるほど，高い家賃でも支払えるからである。

一方，たとえ1人当たり県民所得が同じであっても，人口密度が高ければ家賃も高くなると予想される。なぜなら，人口密度が高くて潜在的に借家を必要とする人々が多ければ，高めの家賃でも進んで支払う人が相対的に多くなると考えられるからである。

まとめれば，家賃におよぼされる別々の影響（所得水準と混雑度）を2つの説明変数は担っている。それぞれ理由があって家賃と相関をもっている。したがって，家賃を説明するには，2つの変数を同時に説明変数として取り入れるのが望ましいであろう。

そこで，説明変数を2つもつ回帰式 (11.1) を考える。

$$\hat{y} = a + bx + cz \tag{11.1}$$

図式的には，式 (11.1) は，3次元空間における平面をあらわす。つまり，3つの変数 y と x, z の関係を適切に捉えられるように平面 (11.1) を当てはめることが第11章の目標である。これは，2次元空間における回帰直線の当てはめ（第9章）の自然な拡張になる。

説明変数の種類が複数あることを強調するときは，式 (11.1) を **重回帰式** とよぶ。これに対して，説明変数の種類が単数であることを強調するときは，回帰直線（第9章）を **単回帰式** とよぶ。

11.3 重回帰式における最小2乗法

説明変数の種類が複数ある回帰式 (11.1) の回帰係数 a, b, c も最小2乗法で決定できる。

回帰式 (11.1) に対応する残差は，式 (11.2) で定義される。

$$e_i = y_i - \hat{y}_i = y_i - (a + b\,x_i + c\,z_i) \qquad (11.2)$$

残差 (11.2) は，「2 つの説明変数 x と z で予想しえなかった y の動き」と解釈できる。2 つの説明変数 x と z を同時にもちいて被説明変数 y の動きを過不足なく捉えようとするのであれば，残差 (11.2) の全体をなるべく 0 に近づくようにしなければならない。この発想は，単回帰のそれと同じである。そこで，残差 2 乗和 $\sum_{i=1}^{N} e_i^2$ が最小になるように回帰係数 a, b, c を選ぶことにする。

この最小化問題の解 a, b, c は，以下の連立方程式を解くことによって求められることが知られている。

$$\sum_{i=1}^{N} e_i = 0 \qquad (11.3)$$

$$\sum_{i=1}^{N} x_i e_i = 0 \qquad (11.4)$$

$$\sum_{i=1}^{N} z_i e_i = 0 \qquad (11.5)$$

これらを整理すると，以下の連立方程式（正規方程式）がえられる。

$$N a + (\sum_{i=1}^{N} x_i)\,b + (\sum_{i=1}^{N} z_i)\,c = (\sum_{i=1}^{N} y_i) \qquad (11.6)$$

$$(\sum_{i=1}^{N} x_i)\,a + (\sum_{i=1}^{N} x_i^2)\,b + (\sum_{i=1}^{N} x_i z_i)\,c = (\sum_{i=1}^{N} x_i y_i) \qquad (11.7)$$

$$(\sum_{i=1}^{N} z_i)\,a + (\sum_{i=1}^{N} z_i x_i)\,b + (\sum_{i=1}^{N} z_i^2)\,c = (\sum_{i=1}^{N} z_i y_i) \qquad (11.8)$$

さらに，x と y との相関係数などを使って書き換えると，以下の式を

える。

$$b = \frac{r_{xy} - r_{yz}\, r_{xz}}{1 - r_{xz}^2} \frac{S_y}{S_x} \quad (11.9)$$

$$c = \frac{r_{zy} - r_{yx}\, r_{zx}}{1 - r_{zx}^2} \frac{S_y}{S_z} \quad (11.10)$$

$$a = \bar{y} - b\,\bar{x} - c\,\bar{z} \quad (11.11)$$

これらの式の意味を直感的に理解することは必ずしも容易でない。若干の考察を第 11.5 節で試みる。

最小 2 乗法から回帰係数が以下のように決まる。

$$\hat{y} = 2.98 + 0.41x + 0.10z$$

1 人当たり県民所得（の対数）も人口密度（の対数）も回帰係数の値は正になっている。対数変換しているので，係数は弾力性とみなせる。つまり，1 人当たり県民所得が 1% 増加すると家賃が 0.41% 上昇する傾向があり，人口密度が 1% 上昇すると家賃が 0.1% 上昇する傾向がある。

11.4　重回帰式の当てはまり具合の確認

▶ 11.4.1　決　定　比

重回帰式の当てはまり具合の確認は，単回帰式（回帰直線）のそれと同じである。

決定比 R^2 は重回帰式についても同じ計算式で求められる。これは，2 乗和の分解 (9.9) が重回帰式にも成り立つためである。2 乗和の分解 (9.9) が成り立つことは，式 (11.3), (11.4), (11.6) から導ける。R^2 が 1 に近いほど回帰式の当てはまり具合がよく，0 に近いほど悪い，という解釈も同じである。家賃の対数値 y を 1 人当たり県民所得の対数値 x

と人口密度の対数値 z の両方に回帰したときの決定比は，$R^2 = 0.82$ となる。比較のため，単回帰直線を計算すると，y を x だけに回帰したとき $R^2 = 0.61$，y を z だけに回帰したとき $R^2 = 0.75$，となっている。2種類の説明変数を同時に使用することによって，R^2 の値が少し大きくなる。

▶11.4.2　残差プロット

残差プロットも単回帰式のときと同じように利用できる。

ただし，説明変数の種類が複数個あるので，残差プロットの横軸の候補も説明変数の種類の個数だけある。それらをすべて確認することが基本である。

■図 11–2　重回帰式の残差プロット

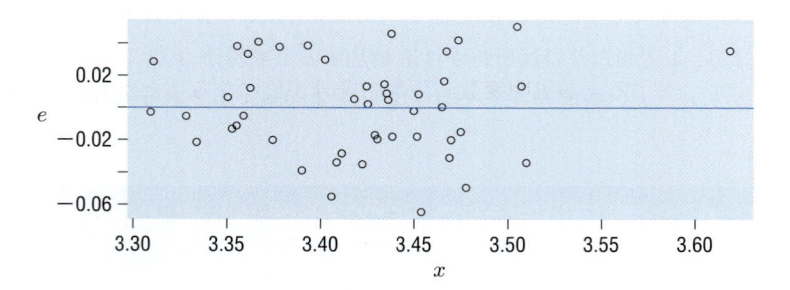

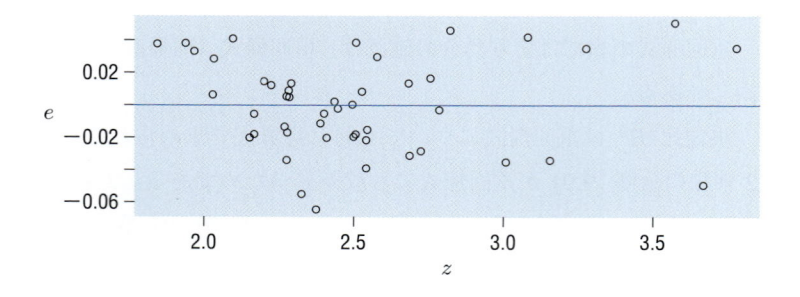

それらの代用として，横軸を被説明変数の予想値 $\hat{y}$ で置き換えることもある．その見方は，横軸が説明変数であるときと同じである．

図 11–2 は，横軸を (a) 1 人当たり県民所得の対数値 x，(b) 人口密度の対数値 z，としたときの 2 つの残差プロットを示す．横軸のどの水準を見ても，正負の残差がおよそ半々になっている．つまり，対数変換によって，家賃は人口密度と 1 人当たり県民所得の 1 次式によって適切に捉えられている．

11.5　重回帰式の係数の推定値の符号

11.5.1　偏相関係数

ある説明変数と被説明変数との相関係数が正である（同じことだが，これらの 2 つの変数の散布図が右上がりになる）にもかかわらず，重回帰式における当該説明変数の係数の符号が負になることがある．一見矛盾するこの現象が発生する理由は以下のように説明できる．議論が込み入るので段階的に説明する．

重回帰式 (11.1) における x の係数 b は，x だけが変化したときに y におよぼされる影響の大きさをあらわす．しかし，実際の観察においては，もう 1 つの説明変数 z も同時に変化する．このため，散布図や相関係数で捉えられる x と y との相関関係は，z の変化の影響を被っている．したがって，z と x との関係や z と y との関係いかんでは，x の係数 b の符号と相関係数 r_{xy} との符号が異なることがある．

第 2 の説明変数 z の影響を除いた上で，第 1 の説明変数 x と被説明変数 y との関係（相関係数）を求めるには，つぎのようにする．

まず，以下の 2 つの単回帰式を計算する．

1. 被説明変数 y を第 2 の説明変数 z に回帰させる．
2. 第 1 の説明変数 x を第 2 の説明変数 z に回帰させる．

その上で第 1 の回帰式と第 2 の回帰式のそれぞれについて残差を計算する。それら 2 種類の残差の間の相関係数は，第 2 の説明変数 z の影響を取り除いたときの被説明変数 y と第 1 の説明変数 x との関係をあらわす。

このようにして計算した相関係数は，以下の式 (11.12) と等しくなる。

$$r_{xy \cdot z} = \frac{r_{xy} - r_{xz}\, r_{yz}}{\sqrt{1 - r_{xz}^2}\sqrt{1 - r_{yz}^2}} \qquad (11.12)$$

式 (11.12) を z を所与としたときの x と y との**偏相関係数**とよぶ。これに対して，通常の相関係数を**単相関係数**とよんで区別することがある。

▶ 11.5.2　偏相関係数の符号と単相関係数の符号が異なる場合

単相関係数と偏相関係数の符号が異なるのは，r_{xy} と $r_{xy} - r_{xz}\, r_{yz}$ との符号が異なるときである。

たとえば，r_{xy}, r_{xz}, r_{yz} がすべて正で，$r_{xy} - r_{xz}\, r_{yz} < 0$ となるときである。このような現象は，以下のように説明できる。

x と z との間に正の相関（$r_{xz} > 0$）があり，y と z との間にも正の相関（$r_{yz} > 0$）がある。つまり，x と y との両方が，z と増減を同じくしやすい。この結果，x と y も増減を同じくしやすくなる（$r_{xy} > 0$）。しかし，単相関にあらわれる正の相関の一部は z の増減に伴って生じている。もし，同じぐらいの z に対応するデータだけ集めてきて散布図を描けば，x と y との相関は負になる（$r_{xy \cdot z} < 0$）ことがある。

▶ 11.5.3　偏相関係数と単相関係数の比較

人口密度の対数値 z を所与としたときの 1 人当たり県民所得の対数値 x と家賃の対数値 y との間の偏相関係数は $r_{xy \cdot z} = 0.53$ である。一方，1 人当たり県民所得の対数値 x を所与としたときの人口密度の対数値 z と家賃の対数値 y との間の偏相関係数は $r_{zy \cdot x} = 0.74$ となっている。このデータでは，単相関係数と偏相関係数との符号は一致している。

ただし，1 人当たり県民所得の対数値 x と家賃の対数値 y の関係は，単相関係数 $r_{xy} = 0.78$ から偏相関係数 $r_{xy \cdot z} = 0.53$ へと弱くなる。その理由は，z と x とが正の相関（増減を同じくする傾向）をもち，z と y とが正の相関をもつために，x と y との相関の一部は z の増減の結果で生じていたのである。z の影響を固定すると，x と y との相関が弱くなる。それをあらわしているのが偏相関係数である。

▶ 11.5.4 偏相関係数と重回帰式における係数の推定値との関係

偏相関係数 (11.12) を利用して，重回帰式 (11.1) における x の回帰係数 b の最小 2 乗法による計算式 (11.9) を書き直すと，以下のようになる。

$$b = r_{xy \cdot z} \frac{S_y \sqrt{1 - r_{yz}^2}}{S_x \sqrt{1 - r_{xz}^2}}$$

2 乗和の分解 (9.9) を利用すれば，$S_y \sqrt{1 - r_{yz}^2}$ と $S_x \sqrt{1 - r_{xz}^2}$ は，それぞれ，(1) y を z に回帰させたときの残差の標準偏差，(2) x を z に回帰させたときの残差の標準偏差，であることが分かる。

このことと上の式の書き換えから，重回帰式 (11.1) における x の回帰係数 b が，(1) y を z に回帰させたときの残差を，(2) x を z に回帰させたときの残差に，回帰させたときの傾きに等しいことが分かる。つまり，b は，z の影響を固定した上で，x が y の平均的な水準におよぼす影響の大きさをあらわしている。このため，重回帰式における回帰係数を**偏回帰係数**とよぶこともある。偏回帰係数の符号と偏相関係数の符号とは常に等しい。

練習問題

11.1 相関係数行列（**表 11–2**）を使って，1 人当たり県民所得の対数値 x を所与としたときの，人口密度の対数値 z と家賃の対数値 y との偏相関係数 $r_{zy \cdot x}$ を計算しなさい。偏相関係数 $r_{zy \cdot x}$ が単相関係数 r_{zy} よりも 0 に近く

なる理由を述べなさい。

11.2 表 11–1 を対数変換せずに分析しなさい。すなわち，家賃を 1 人当たり県民所得と人口密度とに回帰しなさい。決定比や残差プロットで当てはまり具合を確認しなさい。変数を対数変換すべきかどうかを検討しなさい。

第12章

分割表の分析

　第 12 章では，分割表の見方について説明する。具体的には，
- 分割表の構成
- 分割表に登場する分布（同時分布・周辺分布・条件つき分布）
- 分割表にもとづく分析

の基本について述べる。

12.1 分割表の構成

12.1.1 分割表とは

表 12–1 は国籍・目的別訪日外国客数（2009 年）を示す。表 12–1 は，訪日者を個体とみなして，国籍と訪日目的とによって階級を構成した 2 次元の度数分布表である。複数の変数によって階級を構成して作成された度数分布表を**分割表**とよぶ。クロス表ともよぶ。

国籍も訪日目的も**属性変数**である。属性変数とは，数量ではない性質をあらわす変数である。質的変数とよぶこともある。属性変数はさらにいくつかの種類に分かれるけれども，ここでは述べない。国籍や訪日目的には，数量のような大小関係がないので，散布図では国籍と訪日目的の間の関係を分析できない。属性変数の関係の分析には分割表が基本的な用具となる。

属性変数に対して，数量であらわされた変数を**数量変数**とよぶ。量的変数とよぶこともある。数量変数もさらにいくつかの種類に分かれるけれども，ここでは述べない。数量変数であっても，1 次元の度数分布表のときと同じように区間によって階級を構成すれば，分割表を作成できる。したがって，分割表は数量変数の分析にも利用できる。ただし，国籍や訪日目的と違って，複数の数量変数から作成された分割表では大小関係を利用した相関の分析も可能となる。それについては，第 12.4 節で触れる。

表 12–1 の左側の国籍を記した部分を**表側**（ひょうそく）とよぶ。これに対して，表の上側の目的を記した部分を**表頭**（ひょうとう）とよぶ。表の中央の度数が書かれた部分を**表体**（ひょうたい）とよぶ。表のレイアウトを**表章**（ひょうしょう）とよぶ。表側に位置する変数と表頭に位置する変数とによって，表章の形式が定まる。表体に表章に応じた結果が示される。

■表 12–1　国籍・目的別訪日外国客数（2009 年）

国　籍	目　的 観光客	商用客	その他客	合　計
アジア	3,445,035	721,989	646,977	4,814,001
ヨーロッパ	502,495	218,086	79,504	800,085
アフリカ	6,922	6,045	7,654	20,621
北アメリカ	589,153	206,680	78,784	874,617
南アメリカ	20,540	6,595	6,346	33,481
オセアニア	195,177	33,181	17,855	246,213
無国籍・その他	511	46	83	640
合　計	4,759,833	1,192,622	837,203	6,789,658

（単位：人）

資料：総務省統計研修所編 (2011)『第 61 回日本統計年鑑』表 12–22

12.2　同時分布，周辺分布，条件つき分布

12.2.1　同時分布と周辺分布

分割表には 3 種類の分布があらわれる。

表体の，表側と表頭の組み合わせによって度数が決まる部分全体を**同時分布**とよぶ。同時分布は，2 つの質的変数の関係をあらわしている。つまり，質的変数の組み合わせによって，度数がどのように変化するかをあらわしている。分割表に登場する 3 つの分布の中で，もっとも豊富な情報をふくむ。

表の右側の合計欄に現れた分布を，国籍に関する**周辺分布**とよぶ。表の周辺部にあらわれることから周辺分布とよぶ。国籍に関する周辺分布は，訪日目的を問わずに，訪日者の国籍に関する分布を示す。

■表 12–2　訪日者の国籍・目的に関する同時分布（2009 年）

国　籍	目　的			合　計
	観光客	商用客	その他客	
アジア	0.51	0.11	0.10	0.71
ヨーロッパ	0.07	0.03	0.01	0.12
アフリカ	0.00	0.00	0.00	0.00
北アメリカ	0.09	0.03	0.01	0.13
南アメリカ	0.00	0.00	0.00	0.00
オセアニア	0.03	0.00	0.00	0.04
無国籍・その他	0.00	0.00	0.00	0.00
合　計	0.70	0.18	0.12	1.00

注：総計を 1.00 とする比率。丸めの誤差のため，全体の合計は 1.00 となるとは限らない。
資料：表 12–1

　表の下側の合計行にあらわれた分布を訪日目的に関する周辺分布とよぶ。これは，訪日者の国籍を問わずに，訪日者の目的に関する分布を示す。
　同時分布が定まれば，周辺分布は自動的に定まる。しかし，周辺分布だけから同時分布を求めることはできない。
　同時分布と周辺分布を相対的に捉えるには，訪日者の合計（6,789,658 人）で度数を除して，全訪日者数を 1.00（ないし，100％）にした相対度数を見るのが便利である。表 12–2 にそれを示す。表 12–2 から，訪日者全体のうち，観光目的のアジア国籍の人々が約半数であることや，ヨーロッパと北アメリカを国籍とする訪日者数がほぼ同数であること，商用目的の訪日が 2 割弱であること，などが分かる。

▶12.2.2　条件つき分布

　先の分割表（表 12–1）の別の見方として，国籍を固定して表を横の行に沿って分布を見ることがあげられる。たとえば，表側のアジアの行に注目して，アジア国籍の訪日者の渡航目的に関する分布を見る。その

■表 12–3　訪日者の国籍を所与とした目的に関する条件つき分布（2009 年）

国　籍	目　的			
	観光客	商用客	その他客	合　計
アジア	0.72	0.15	0.13	1.00
ヨーロッパ	0.63	0.27	0.10	1.00
アフリカ	0.34	0.29	0.37	1.00
北アメリカ	0.67	0.24	0.09	1.00
南アメリカ	0.61	0.20	0.19	1.00
オセアニア	0.79	0.13	0.07	1.00
無国籍・その他	0.80	0.07	0.13	1.00
合　計	0.70	0.18	0.12	1.00

注：行方向の和を 1.00 とする比率。丸めの誤差のため，全体の合計は 1.00 となるとは限らない。
資料：表 12–1

■表 12–4　訪日者の目的を所与とした国籍に関する条件つき分布（2009 年）

国　籍	目　的			
	観光客	商用客	その他客	合　計
アジア	0.72	0.61	0.77	0.71
ヨーロッパ	0.11	0.18	0.09	0.12
アフリカ	0.00	0.01	0.01	0.00
北アメリカ	0.12	0.17	0.09	0.13
南アメリカ	0.00	0.01	0.01	0.00
オセアニア	0.04	0.03	0.02	0.04
無国籍・その他	0.00	0.00	0.00	0.00
合　計	1.00	1.00	1.00	1.00

注：列方向の和を 1.00 とする比率。丸めの誤差のため，全体の合計は 1.00 となるとは限らない。
資料：表 12–1

　　ときに捉えられる分布は，国籍を条件とした，訪日目的に関する**条件つき分布**とよばれる。

　　国籍を条件とした訪日目的に関する条件つき分布を見るには，表の右

側にある合計欄にある数値でおのおのの行の度数を除した相対度数を見るのが便利である。表 12–3 にそれを示す。表 12–3 から，日本から遠い位置にある国を国籍にする人々の旅行目的による訪日の割合が低いことが分かる。

表 12–1 のもう 1 つの見方として，訪日目的を固定し，度数を縦の欄に沿って見ることがあげられる。たとえば，商用で訪日する人々のうち，国籍に関する分布を見る。そのときに捉えられる分布は，訪日目的を条件とした，国籍に関する条件つき分布である。

そのような条件つき分布を見るには，表の下側にある合計行にある数値でおのおのの欄の度数を除した相対度数を見るのが便利である。表 12–4 にそれを示す。表 12–4 から，商用目的の訪日者のうち，アジア国籍の人々が 6 割程度であることが分かる。商用目的の渡航者を顧客とするホテルでは，観光目的の渡航者を顧客とするホテルよりも，アジア国籍の顧客が若干少なく，その分，ヨーロッパ国籍や北アメリカ国籍の顧客が若干多いことになる。

条件つき分布を相対度数で示すとき，分母となる周辺合計欄の相対度数は必ず 1.00 になる。どの度数が分母として使われたかが分かるように，1.00 を表示するのがよい。

12.3　2 × 2 分割表

▶12.3.1　2 × 2 分割表の見方

変数が 2 種類の 2 次元分割表のうち，もっとも簡単なものは 2 × 2 分割表である。すなわち，第 1 の変数の取りうる結果が 2 通りであり，第 2 の変数の取りうる結果も 2 通りである場合である。そのときには，たとえ 2 種類の変数が属性変数であっても，変数間の関係を相関係数の一種であらわせる。

■表 12–5　男女別飲酒状況

(a) 度　数

性別	飲酒		合計
	毎日	それ以外	
男性	1,192	2,462	3,654
女性	260	4,091	4,351
合計	1,452	6,553	8,005

(単位：人)

(b) 男女別の相対度数

性別	飲酒		合計
	毎日	それ以外	
男性	0.33	0.67	1.00
女性	0.06	0.94	1.00
合計	0.18	0.82	1.00

注：行方向の和を 1.00 とする比率

資料：厚生労働省「平成 21 年国民健康・栄養調査報告」第 3 部表 86

■表 12–6　男女別朝食摂取状況

(a) 度　数

性別	朝食		合計
	ほぼ毎日	それ以外	
男性	3,188	698	3,886
女性	4,049	526	4,575
合計	7,237	1,224	8,461

(単位：人)

(b) 男女別の相対度数

性別	朝食		合計
	ほぼ毎日	それ以外	
男性	0.82	0.18	1.00
女性	0.89	0.11	1.00
合計	0.86	0.14	1.00

注：行方向の和を 1.00 とする比率

資料：厚生労働省「平成 21 年国民健康・栄養調査報告」第 3 部表 51

　表 12–5 (a) と表 12–6 (a) は，それぞれ，男女別飲酒状況と，男女別朝食摂取状況を示す。2 つの表の合計欄に差があるのは，回答数が異なるためである。

　表 12–5 (b) は，毎日飲酒する男性の割合が女性のそれよりも高いことをあらわす。表 12–6 (b) は，朝食摂取状況の男女差が飲酒状況のそれよりも小さいことをあらわす。言い換えれば，性別と飲酒状況との間

には，性別と朝食摂取状況との間よりも強い関係がある。

12.3.2　関連係数

2×2 の分割表における表側の変数と表頭の変数との関係は，**関連係数**で数値化できる。関連係数は一種の相関係数であり，-1 から 1 の間に収まる。

表 12–5 (a) の関連係数は以下のように計算する。

$$R = \frac{1192 \times 4091 - 2462 \times 260}{\sqrt{3654 \times 4351 \times 1452 \times 6553}} \fallingdotseq 0.34$$

分子は，2×2 の同時分布の数値を使って，左上（男性・毎日）の度数と右下（女性・それ以外）の度数の積から，右上（男性・それ以外）の度数と左下（女性・毎日）の度数の積を減じて求める。分母は，総計以外の周辺度数（男性計，女性計，毎日計，それ以外計）の積の平方根で求める。

同じように表 12–6 (a) について関連係数を求めると $R \fallingdotseq -0.09$ となる。表 12–5 の結果と符号が異なる理由は，表 12–5 (b) では「男性・毎日」の相対度数が「女性・毎日」の相対度数を上回っているのに対して，表 12–6 (b) では「女性・ほぼ毎日」の相対度数が「男性・ほぼ毎日」の相対度数を上回っているためである。

ただし，表 12–6 において女性を 1 行目，男性を 2 行目に書くと関連係数の符号が反転する。男女のどちらを先に書くかは任意であるから，この場合の関連係数の符号には大きな意味がない。

いずれにせよ，絶対値の大きさで比べると，表 12–6 に関する関連係数は，表 12–5 のそれよりも 0 に近い。「性別と朝食摂取状況との関係が，性別と飲酒状況との関係よりも弱い」という事実を数値としてあらわしている。

仮に，男性全員が毎日飲酒し（したがって，「男性・それ以外」が 0 人），女性全員がそうでない（したがって，「女性・毎日」が 0 人）のであれば，関連係数は $R = 1$ となる。このとき，男性＝毎日飲酒者，女性＝毎日飲酒者以外，となる。つまり，回答者の性別が分かれば飲酒状況も分か

るし，飲酒状況が分かれば性別も分かる。

　反対に，女性全員が毎日飲酒し，男性全員がそうでないのであれば，関連係数は $R = -1$ となる。このときも性別が分かれば飲酒状況も分かるし，飲酒状況が分かれば性別も分かる。

　今度は仮に，男性の毎日飲酒者の相対度数と女性のそれとが等しいとすると，関連係数は $R = 0$ となる。このとき，回答者の性別は，飲酒状況の判断のための情報にはならない。なぜなら，たとえある人の性別が判明したとしても，その人が毎日飲酒者である可能性は，性別が不明である場合と同じだからである。

　実際には，関連係数 R の絶対値は 0 と 1 との間にあり，1 に近いほど表側の変数と表頭の変数との関係が強く，0 に近いほど両者の関係が弱いことをあらわす。

12.4　量的変数から作成した分割表

　分割表において，表側と表頭にあらわれる変数が，共に，量的な背景をもつことがある。典型的には，どちらの変数も元来数量変数であり，それらの区間によって表側と表頭とが表章されている場合である。このときには，表側・表頭とも昇順に並べた階級とみなせる。したがって，分割表から，2 つの変数の相関が読み取れる。

　例として，同居の夫婦における妻の年齢（表側）と夫の年齢（表頭）を取り上げる。表 12–7 にそれを示す。表 12–7 は，妻の年齢階級が高くなるつれて，夫の年齢階級も高くなることをあらわしている。つまり，妻の年齢と夫の年齢とに正の相関がある。

　同じことを，妻の年齢階級を所与とした夫の年齢に関する条件つき分布（表 12–8）からも確かめられる。表 12–8 から，妻の年齢が 30 歳以上のところでは，夫の年齢についての条件つき分布が，おおよそ，「妻の年齢階級と同じ年齢階級に 7 割弱，1 つ上の年齢階級に 3 割弱，1 つ下

■表 12–7　同居夫婦における妻の年齢と夫の年齢

妻の年齢	夫の年齢									合　計
	19 以下	20〜29	30〜39	40〜49	50〜59	60〜69	70〜79	80歳以上	不詳	
19 以下	2	3	0	-	-	-	-	-	-	5
20〜29	2	787	528	40	2	-	-	-	1	1,359
30〜39	-	173	3,873	1,483	104	6	-	-	0	5,640
40〜49	-	8	387	4,110	1,733	98	2	-	2	6,339
50〜59	-	0	6	201	4,331	2,360	41	1	3	6,943
60〜69	-	-	0	7	284	5,019	2,026	25	1	7,363
70〜79	-	-	-	-	8	171	2,993	945	2	4,118
80 歳以上	-	-	-	-	0	7	95	1,003	1	1,106
不詳	-	1	1	2	3	4	4	1	12	29
合　計	4	972	4,796	5,844	6,464	7,665	5,161	1,975	21	32,902

（単位：1,000 組）

注：たとえば，20〜29 は 20 歳以上 29 歳以下をあらわす。「-」は，標本に該当者がいない場合をあらわす。
資料：厚生労働省「平成 22 年国民生活基礎調査」1 世帯表 第 01 表

■表 12–8　妻の年齢階級を所与とした夫の年齢に関する条件つき分布

妻の年齢	夫の年齢								合　計
	19 以下	20〜29	30〜39	40〜49	50〜59	60〜69	70〜79	80歳以上	
19 以下	0.40	0.60	0.00	-	-	-	-	-	1.00
20〜29	0.00	0.58	0.39	0.03	0.00	-	-	-	1.00
30〜39	-	0.03	0.69	0.26	0.02	0.00	-	-	1.00
40〜49	-	0.00	0.06	0.65	0.27	0.02	0.00	-	1.00
50〜59	-	0.00	0.00	0.03	0.62	0.34	0.01	0.00	1.00
60〜69	-	-	0.00	0.00	0.04	0.68	0.28	0.00	1.00
70〜79	-	-	-	-	0.00	0.04	0.73	0.23	1.00
80 歳以上	-	-	-	-	0.00	0.01	0.09	0.91	1.00
合　計	0.00	0.03	0.15	0.18	0.20	0.23	0.16	0.06	1.00

注：行の合計を 1.00 とする比率。
　　たとえば，20〜29 は 20 歳以上 29 歳以下をあらわす。「-」は，標本に該当者がない場合をあらわす。
資料：表 12–7。ただし，不詳を除く。

の年齢階級に 5%程度」となっていることが分かる。

練習問題

12.1 表 12–9 は，2010 年 3 月末時点における大学附属図書館の蔵書冊数を示す。表 12–9 について，以下の問いに答えなさい。

■表 12–9　大学附属図書館蔵書数

設立形態	和洋の種別		
	和　書	洋　書	合　計
国　立	59,905	37,722	97,627
公　立	15,079	5,566	20,645
私　立	134,274	54,719	188,993
合　計	209,258	98,007	307,265

(単位：1,000 冊)

資料：総務省統計研修所 (2011)『第 61 回日本統計年鑑』表 23–5

(a) 表 12–9 における同時分布を見るために，総度数に対する相対度数をあらわす表を作成しなさい。同時分布から観察されることを述べなさい。

(b) 表 12–9 における設立形態を条件とした和洋別の分布を見るために，設立形態ごとに和洋の種別に関する相対度数を計算しなさい。そこから観察されることを述べなさい。

(c) 表 12–9 における和洋の種別を条件とした設立形態別の分布を見るために，和洋の種別ごとに設立形態に関する相対度数を計算しなさい。そこから観察されることを述べなさい。

(d) 設立形態の 3 つのペア，(1) 国立と公立，(2) 国立と私立，(3) 公立と私立，のおのおのについて 2×2 の分割表を作成して関連係数を求めなさい。

(e) 表 12–9 は度数分布表とみなせる。その場合の集団の構成要素はつぎのうちのどれか。理由とともに述べなさい：(1) 大学；(2) 附属図書館；(3) 蔵書。

12.2 男女別の識字率データ（表 7–1）から，女の識字率を表側に，男の識字

率を表頭にした分割表を作成しなさい。階級幅は両方とも 10（%）とする。散布図から観察された点（男女の識字率に正の相関があり，両者の識字率が高くなるほど両者の差が小さくなる）が分割表から観察できるかどうかを確かめなさい。

第III部

時系列データの分析

第III部

力その2

第13章

時系列データの見方

第13章では，時系列データの見方について説明する。具体的には，
- 長期的な水準の動き
- 短期的な変化
- 異時点での相関

の見方について，基本的な考え方を述べる。

13.1　データ：小学校在学者数と小学校数の時間的推移

表 13–1 は，1948 年から 2011 年までの小学校の在学者数と学校数の推移を示す．表 13–1 であらわされたデータのように，時間の順に並んでいるデータを**時系列データ**とよぶ．表 13–1 は 1 年間隔のデータなので年次系列とよぶ．それよりも間隔の短い四半期系列や月次系列も時系列データの例である．

時系列データに対して，1 時点において全国という空間的な広がりで観察された都道府県別小学校数（表 1–1）は**横断面データ**とよばれる．これまでの分析は横断面データを主に扱っていた．

回帰分析などの手法は時系列データにも適用できる．しかし，時系列データは時間の順序に並んでいることを利用した特別の見方ができる．以下では，その基本的な見方を説明する．

13.2　長期的な水準の動き

まず，全体的な水準の動きを見るために，横軸に時間，縦軸に変数の値を取ったグラフを描く．これを**時系列グラフ**とよぶことにする．時系列データでは，時間（time）の順番に並んでいることから，添え字を t であらわすことが多い．その記法にしたがえば，データは x_t ($t = 1, 2, \ldots, N$) と書ける．t は，通し番号ではなく，暦年などになる場合もある．この記号をもちいれば，時系列グラフとは，横軸に t，縦軸に x_t を取ったグラフとあらわせる．線グラフで描くことが多い．

図 13–1 は，小学校の在学者数と小学校数，1 校当たり在学者数の時系列グラフを示す．ただし，数字を見やすくするため，在学者数は 1,000 人単位で表示している．

図 13–1 から，2 つの事実が読み取れる．第 1 に，長期的な**趨勢**とし

■表13-1　小学校の在学者数と学校数（5月1日現在）

年　度	在学者数	学校数	年　度	在学者数	学校数
1948	10,774,652	25,237	1980	11,826,573	24,945
1949	10,991,927	25,638	1981	11,924,653	25,005
1950	11,191,401	25,878	1982	11,901,520	25,043
1951	11,422,992	26,056	1983	11,739,452	25,045
1952	11,148,325	26,377	1984	11,464,221	25,064
1953	11,225,469	26,555	1985	11,095,372	25,040
1954	11,750,925	26,804	1986	10,665,404	24,982
1955	12,266,952	26,880	1987	10,226,323	24,933
1956	12,616,311	26,957	1988	9,872,520	24,901
1957	12,956,285	26,988	1989	9,606,627	24,851
1958	13,492,087	26,964	1990	9,373,295	24,827
1959	13,374,700	26,916	1991	9,157,429	24,798
1960	12,590,680	26,858	1992	8,947,226	24,730
1961	11,810,874	26,741	1993	8,768,881	24,676
1962	11,056,915	26,615	1994	8,582,871	24,635
1963	10,471,383	26,423	1995	8,370,246	24,548
1964	10,030,990	26,210	1996	8,105,629	24,482
1965	9,775,532	25,977	1997	7,855,387	24,376
1966	9,584,061	25,687	1998	7,663,533	24,295
1967	9,452,071	25,487	1999	7,500,317	24,188
1968	9,383,182	25,262	2000	7,366,079	24,106
1969	9,403,193	25,013	2001	7,296,920	23,964
1970	9,493,485	24,790	2002	7,239,327	23,808
1971	9,595,021	24,540	2003	7,226,910	23,633
1972	9,696,133	24,325	2004	7,200,933	23,420
1973	9,816,536	24,592	2005	7,197,458	23,123
1974	10,088,776	24,606	2006	7,187,417	22,878
1975	10,364,846	24,650	2007	7,132,874	22,693
1976	10,609,985	24,717	2008	7,121,781	22,476
1977	10,819,651	24,777	2009	7,063,606	22,258
1978	11,146,874	24,828	2010	6,993,376	22,000
1979	11,629,110	24,899	2011	6,887,292	21,721
			（単位）	（人）	（校）

資料：文部科学省『学校基本調査』

■図13–1　小学校の在学者数と学校数，1校当たり在学者数

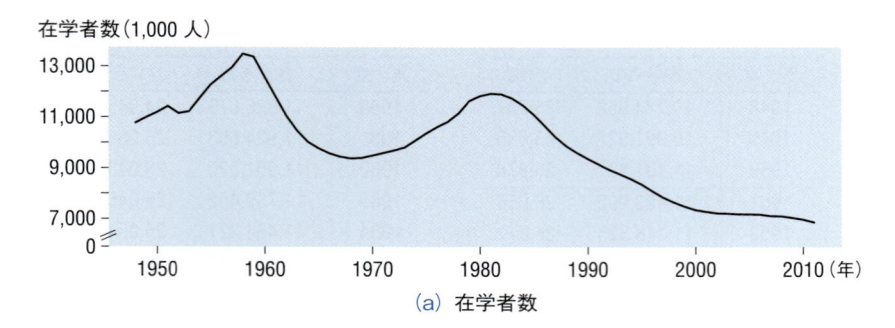

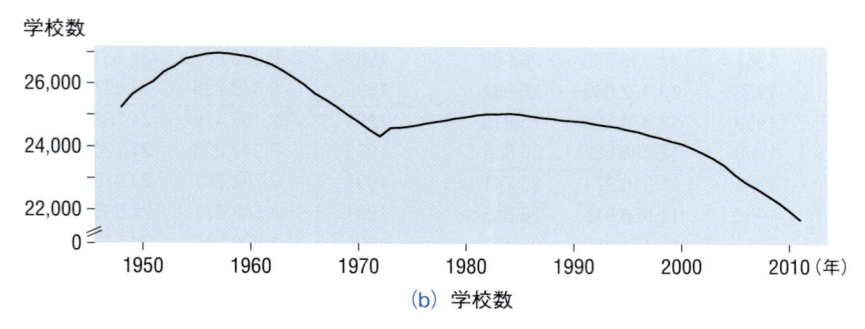

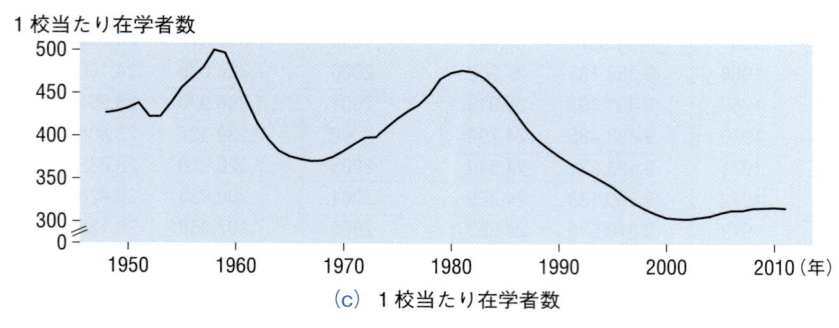

(a) 在学者数

(b) 学校数

(c) 1校当たり在学者数

資料：表13–1

て，在学者数（図13–1（a））も学校数（図13–1（b））も減少傾向にある。出生数の減少によって，学齢期の児童数が減少し，それに対応して学校数が減少していることがうかがえる。

第 2 に，在学者数の変化に比べて，学校数の変化は緩慢である。このことも常識的に理解できる。児童数が多少変化したとしても，すぐに新しい学校を建設したり，既存の学校を廃校にしたりすることは，費用や時間だけでなく通学者への影響の面から得策でない。しばらくは学級数や学級内の児童数の増減で対応し，状況を見定めてから学校数の増減が決められるのであろう。その帰結が，2 つ系列の動きの差になって現れているのだろう。

　在学者数の変化よりも学校数の変化がゆっくりであった結果，1 校当たりの在学者数（図 13-1 (c)）は在学者数の動きと似通っている。ただし，2000 年以降は，学校数の減少が急激であるために，在学者数が減少しているにもかかわらず，1 校当たり在学者数は増加している。

13.3　短期的な変化

▶ 13.3.1　変化率の計算方法

　長期的な趨勢だけでなく，短期的な変化も時系列データを見る上で大切である。

　短期的な変化を捉える代表的な指標は**変化率**である。変化率とは，今期の値から前期の値を減じ，それを前期の値で除して求められる。記号で書けば，$(t-1)$ 期から t 期にかけての変化率 g_t は式 (13.1) で計算する。

$$g_t = \frac{\Delta x_t}{x_{t-1}} \quad (13.1)$$

ただし，$\Delta x_t = x_t - x_{t-1}$ は**階差**とよばれ，$(t-1)$ 期から t 期にかけての変化量をあらわす。

　変化率 (13.1) は自然対数の階差で近似計算できる。このことは，対数の性質から $\log_e x_t - \log_e x_{t-1} = \log_e (1 + g_t)$ と変形できることと，g_t

■図13–2　小学校の在学者数と学校数，1校当たり在学者数の変化率

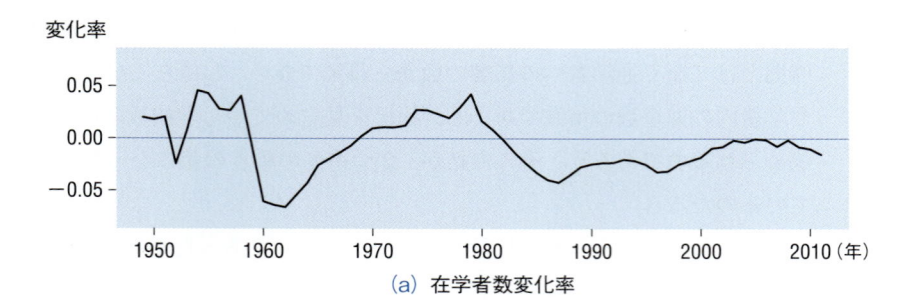

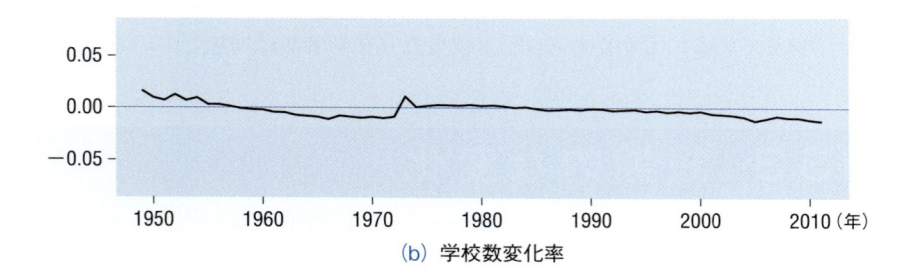

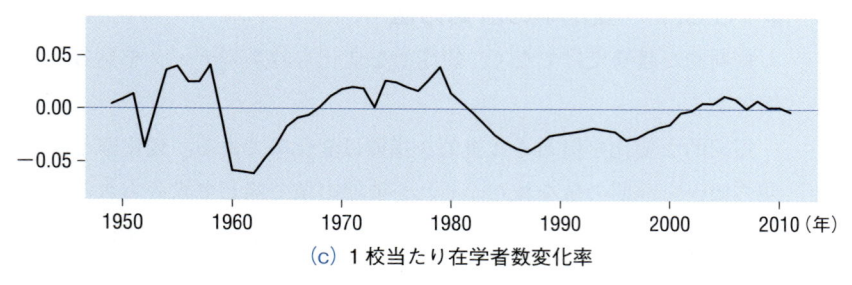

(a) 在学者数変化率

(b) 学校数変化率

(c) 1校当たり在学者数変化率

資料：表13–1

の絶対値が十分に小さいときに，$\log_e(1+g_t) \fallingdotseq g_t$ となることから分かる。式 (13.1) 自体は簡単なので，わざわざ近似計算する必要はない。しかし，対数変換したデータを扱うときに，階差が変化率にほぼ等しいことを覚えておくと便利である。

図 13–2 には，図 13–1 に対応する変化率を示す。図 13–2 は，水準についての時系列グラフ（図 13–1）から読み取った第 2 の事実「在学者数の変化に比べて学校数の変化は緩慢であった」ことを鮮明に示している。

変化率は年々の変化をあらしている。いわば，水準についての時系列グラフの傾きに相当する。より正確には，水準についての時系列グラフの縦軸を自然対数変換したとき，時点時点でのグラフの傾きが変化率にほぼ等しい。このことから，縦軸を対数変換して水準についての時系列グラフを描くことも多い。

▶ 13.3.2　要因分解

t 期における小学校の在学者数を x_t で，学校数を y_t で，1 校当たり在学者数を z_t であらわす。定義から，$z_t = x_t/y_t$ である。そして，それぞれの変化率を g_t^x, g_t^y, g_t^z であらわすことにする。このとき，1 校当たりの在学者 z_t の変化率は，在学者数 x_t の変化率と学校数 y_t の変化率の差で近似できる。つまり，式 (13.2) が成り立つ。

$$g_t^z \fallingdotseq g_t^x - g_t^y \qquad (13.2)$$

式 (13.2) を（乗法型の）要因分解とよぶことがある。式 (13.2) から，1 校当たり在学者数の変化率のどれほどが，在学者数の変化と学校数の変化とに起因するのかが分かる。図 13–3 に要因分解を示す[1]。

図 13–3 から，2000 年ごろまでは，ほぼ，在学者数の変化率に応じて 1 校当たり在学者数の変化率が決まっていたこと，2000 年以降は学校数の減少によって 1 校当たりの在学者数が増加していたこと，2009 年から在学者数が再び急減して学校数の減少とほぼ釣り合っていること，などが分かる。

式 (13.2) が成り立つ理由を簡単に説明しておく。3 つの変数の間には，$x_t = y_t z_t$ が成り立つ。$(t-1)$ 期においても $x_{t-1} = y_{t-1} z_{t-1}$ が成り立つ。変化率の定義から，$x_t = (1 + g_t^x) x_{t-1}$，$y_t = (1 + g_t^y) y_{t-1}$，

---

[1] 図 13–3 は，田中 (2008) 51 ページ を参照して作図した。

■図13–3 小学校の在学者数と学校数，1校当たり在学者数の変化率の要因分解

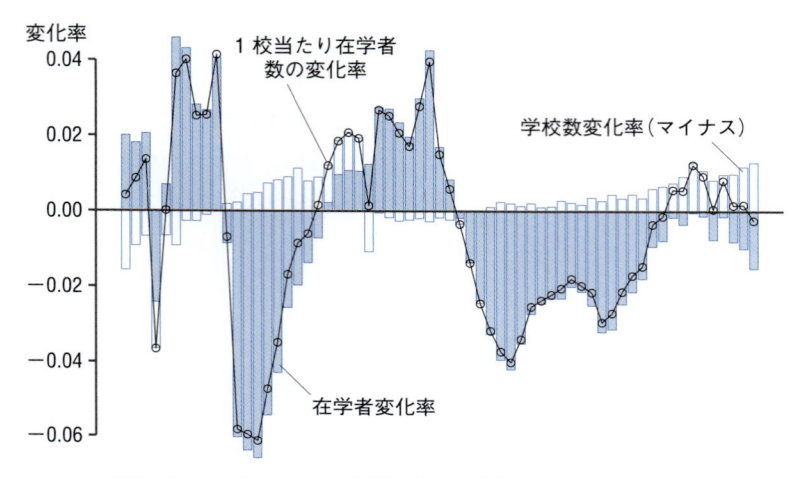

注：棒は在学者数の変化率と学校数の変化率，線は1校当たり在学者数の変化率を示す。
資料：表13–1

$z_t = (1+g_t^z)z_{t-1}$ が成り立つ。これらの式を $x_t = y_t z_t$ に代入すると，$(1+g_t^x)x_{t-1} = (1+g_t^y)y_{t-1}(1+g_t^z)z_{t-1}$ がえられる。これに，$x_{t-1} = y_{t-1}z_{t-1}$ を代入すれば，$1+g_t^x = (1+g_t^y)(1+g_t^z)$ つまり，$g_t^x = g_t^y + g_t^z + g_t^y g_t^z$ がえられる。y_t と z_t の変化率が小さければ，変化率の積 $g_t^y g_t^z$ は無視できるほど小さい。したがって，式 (13.2) が近似的に成り立つ。

13.4 データ：中学校在学者数と高等学校在学者数の時間的推移

今度は，2つの時系列データの関係を見るときの時点の扱いについて説明する。その具体例として，中学校在学者数と高等学校在学者数の時

■表 13-2　中学校と高等学校の在学者数（5月1日現在）

年　度	中学校	高等学校	年　度	中学校	高等学校
1948	4,792,504	1,203,963	1980	5,094,402	4,621,930
1949	5,186,188	1,624,625	1981	5,299,282	4,682,827
1950	5,332,515	1,935,118	1982	5,623,975	4,600,551
1951	5,129,482	2,193,362	1983	5,706,810	4,716,105
1952	5,076,495	2,342,869	1984	5,828,867	4,891,917
1953	5,187,378	2,528,000	1985	5,990,183	5,177,681
1954	5,664,066	2,545,254	1986	6,105,749	5,259,307
1955	5,883,692	2,592,001	1987	6,081,330	5,375,107
1956	5,962,449	2,702,604	1988	5,896,080	5,533,393
1957	5,718,182	2,897,646	1989	5,619,297	5,644,376
1958	5,209,951	3,057,190	1990	5,369,162	5,623,336
1959	5,180,319	3,216,152	1991	5,188,314	5,454,929
1960	5,899,973	3,239,416	1992	5,036,840	5,218,497
1961	6,924,693	3,118,896	1993	4,850,137	5,010,472
1962	7,328,344	3,281,522	1994	4,681,166	4,862,725
1963	6,963,975	3,896,682	1995	4,570,390	4,724,945
1964	6,475,693	4,634,407	1996	4,527,400	4,547,497
1965	5,956,630	5,073,882	1997	4,481,480	4,371,360
1966	5,555,762	4,997,385	1998	4,380,604	4,258,385
1967	5,270,854	4,780,628	1999	4,243,762	4,211,826
1968	5,043,069	4,521,956	2000	4,103,717	4,165,434
1969	4,865,196	4,337,772	2001	3,991,911	4,061,756
1970	4,716,833	4,231,542	2002	3,862,849	3,929,352
1971	4,694,250	4,178,327	2003	3,748,319	3,809,827
1972	4,688,444	4,154,647	2004	3,663,513	3,719,048
1973	4,779,593	4,201,223	2005	3,626,415	3,605,242
1974	4,735,705	4,270,943	2006	3,601,527	3,494,513
1975	4,762,442	4,333,079	2007	3,614,552	3,406,561
1976	4,833,902	4,386,218	2008	3,592,378	3,367,489
1977	4,977,119	4,381,137	2009	3,600,323	3,347,311
1978	5,048,296	4,414,896	2010	3,558,166	3,368,693
1979	4,966,972	4,484,870	2011	3,573,821	3,349,255

（単位：人）

資料：文部科学省『学校基本調査』

13.4 データ　中学校在学者数と高等学校在学者数の時間的推移

■図13–4　中学校・高等学校の在学者数と変化率

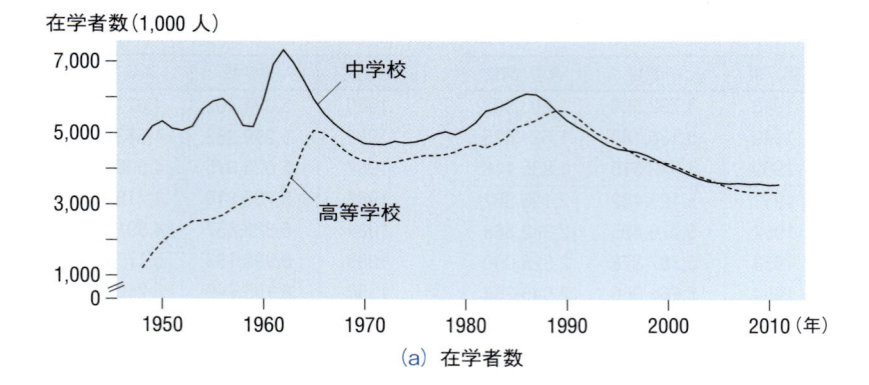

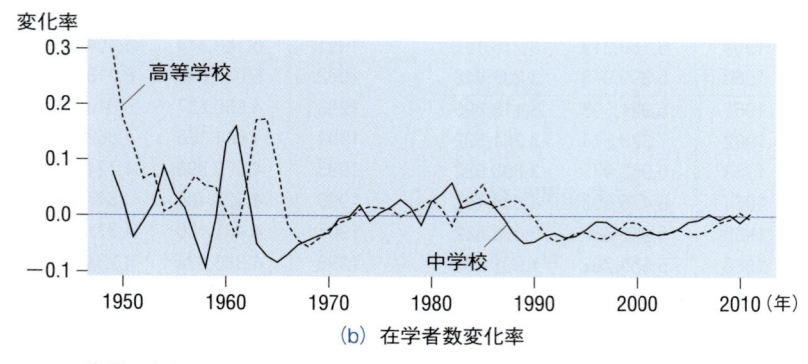

(a) 在学者数

(b) 在学者数変化率

資料：表13–2

間的推移をもちいる。**表13–2**は、1948年から2011年までの中学校と高等学校の在学者数の推移を示す。**図13–4**は、中学校・高等学校の在学者数の水準と変化率を示す。数値を見やすくするため、在学者数は1,000人単位で表示している。在学者数の水準のグラフ（**図13–4（a）**）から、高等学校進学率の上昇によって、近年では、中学校の在学者数と高等学校のそれとが同じぐらいになっていることが分かる。

13.5 時差相関係数

わが国では,中学校に進学してから 3 年後に高等学校に進学する。したがって,中学校の在学者数とその変化率とは,3 年後の高等学校の在学者数とその変化率と関係が深いはずである。たしかに,図 13–4 において,中学校の在学者数とその変化率の動きと,3 年後の高等学校のそれらとは密接な関連をもつように見える。試みに中学校のデータを 3 年分だけ右にずらす(3 年前の値を表示する)と,中学校のデータと高等学校のそれとが似通っていることが分かる(図 13–5)。このことは,変化率に顕著である。

以上の考察は,時系列データにおいては,変数の種類だけでなく,時間的な前後関係にも気を配って相関係数を計算することに意味があることを示唆している。時間順にデータが並んでいることを利用して,2 つの変数の異時点での相関を測ることができる。時点をずらして計算した相関係数を**時差相関係数**とよぶ。

時差相関係数を計算するときの注意点を 2 つ述べる。1 つは,どちらの変数を基準にして時間差を測るかを明示することである。たとえば,中学校の在学者数 u_t と高等学校の在学者数 v_t との時差相関係数を計算する場合,t 期の中学校の在学者数とその 3 年後の高等学校の在学者数との時差相関係数(u_t と v_{t+3} との相関係数)と,t 期の高等学校の在学者数と 3 年前の中学校の在学者数との時差相関(u_{t-3} と v_t との相関係数)は同じである。さらに,時系列データの分析においては,時間差をラグ(遅れ)であらわす習慣がある。たとえば,「3 年前」($t-3$) のことは「ラグ 3」,「3 年後」($t+3$) のことは「ラグ -3」と表現する。どちらの変数を基準にするかでラグの正負が入れ換わる。誤解がないように気をつけなければならない。

もう 1 つは,時差が大きくなるほど,時差相関係数の計算に使えるデータが少なくなることである。たとえば,t 期の中学校の在学者数と 3 年後

■図 13–5　中学校（3 年前）・高等学校の在学者数と変化率

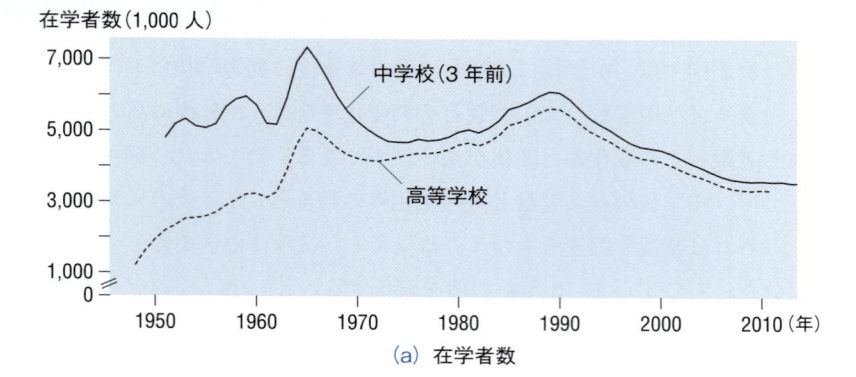

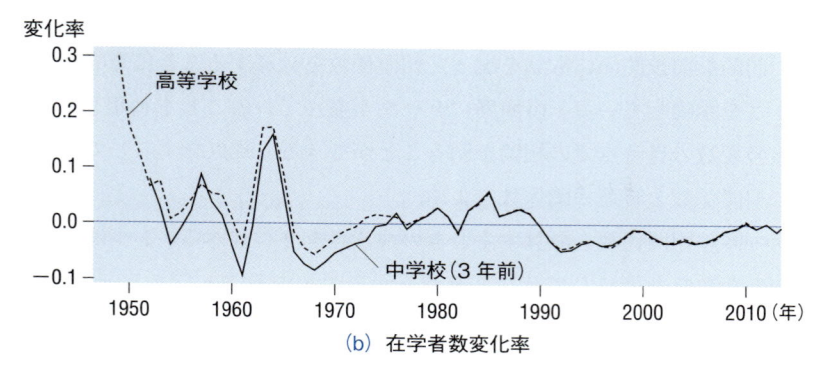

(a) 在学者数

(b) 在学者数変化率

注：中学校のデータは 3 年前の値を示す。
資料：表 13–2

の高等学校の在学者数との相関係数を求めるとする。データの先頭の 3 年度分（1948 年度から 1950 年度）については，高等学校の在学者に対応させるべき 3 年前の中学校の在学者数のデータがない。データの最後尾の 3 年度（2009 年度から 2011 年度）については，中学校の在学者数に対応させるべき 3 年後の高等学校の在学者数のデータがない。したがって，それぞれのデータのサイズを 3 つ減らして時差相関を計算すること

■図 13–6　中学校在学者数変化率と高等学校在学者数変化率の時差相関係数

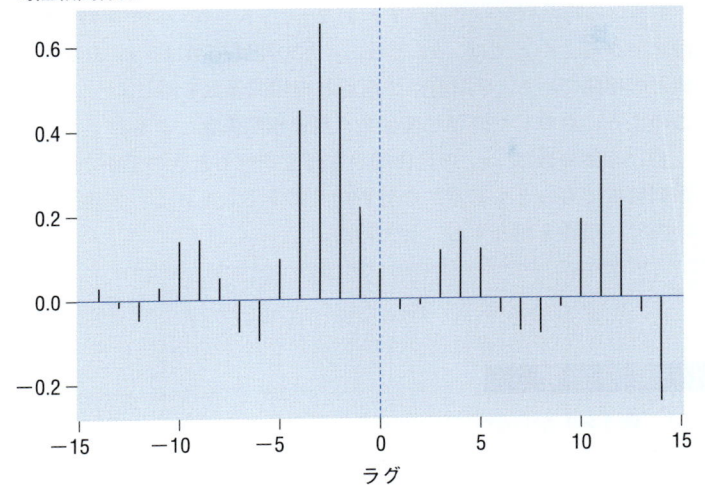

注：中学校在学者数変化率を基準にラグを表示している。
資料：表 13–2

になる。このため，長すぎる時差の相関を計算しても信頼性に欠ける。

　実際に時差相関を計算するときには，3 年であれば 3 年だけ時期をずらした上で，通常の相関係数の計算式 (8.2) をもちいればよい。その変形として，式 (8.2) の分母の標準偏差を，すべてのデータを使用して（つまり，分子の共分散を計算するときに使用しなかったデータもふくめて）計算することがある。時差が大きくなければ，2 つの方法による計算結果に大きな相違はない。

　図 13–6 は，中学校の在学者数の変化率を基準として，高等学校の在学者数の変化率との時差相関係数を示す。図 13–6 から，中学校の在学者数の変化率は，3 年後（ラグ −3）の高等学校の在学者数の変化率ともっとも強い相関をもつことが分かる。

❖ コラム：自己相関係数

1種類の時系列データ x_t ($t = 1, 2, \ldots, N$) についても時差相関係数を計算できる。たとえば，x_t と x_{t-1} との相関係数は，x_t 自身の1期前の値との相関である。2期前や3期前との相関係数も同じように解釈できる。このように計算した時差相関係数は**自己相関係数**とよぶ。

自己相関係数は，x_t の自律的な変動を調べるときの手がかりとなる。時系列解析でもっとも基本的な分析用具である。しかし，本書では利用しないので，用語を紹介するにとどめる。

練習問題

13.1 表 13–1 から小学校の在学者数の変化率を計算し，変化率の時系列グラフを作成しなさい。

13.2 上の設問で作成したグラフと図 13–4 (b) とを比較しなさい。小学校の在学者数の変化率と中学校・高等学校のそれらとの間にはどれぐらいの時差で相関が生じているか。また，そのような時差が生じる理由を述べなさい。

第14章

時系列データの分解

　第14章では時系列データの伝統的な分解法について説明する。具体的には，
- 時系列を構成する変動
- 変動の抽出
- 季節調整

について基本的な考え方を述べる。

14.1 データ：月別国際航空旅客数

表14–1は，わが国における月別国際航空旅客数（人）を示す。図14–1は，旅客数の水準と変化率の時系列グラフを示す。第13章で見た在学者数や学校数の時系列グラフよりも，図14–1に示された時系列は変動が激しく，傾向を捉えにくい。

傾向が捉えにくい原因は，表14–1で示された月次の時系列データが性格の異なる変動を併せもっていることにある。まず，学校の在学者数などに比べると，旅客数は突発的な要因によって不規則に変動しやすい。たとえば，2009年春ごろに新型インフルエンザが流行し，海外旅行を一時的に控える人が多かったといわれている。実際，図14–1にはそれと思しき急減が見られる。2011年3月には東日本大震災の影響による減少

■表14–1　月別国際航空旅客数

年	1月	2月	3月	4月	5月	6月
2006	-	-	-	1,338,222	1,368,517	1,433,126
2007	1,441,952	1,415,213	1,559,447	1,334,323	1,342,035	1,448,067
2008	1,471,757	1,410,698	1,459,141	1,321,187	1,333,857	1,356,353
2009	1,258,211	1,201,603	1,342,423	1,226,994	1,096,366	1,056,885
2010	1,236,131	1,191,827	1,386,354	1,171,570	1,211,737	1,203,998
2011	1,029,291	979,162	947,968	-	-	-

年	7月	8月	9月	10月	11月	12月
2006	1,515,305	1,594,543	1,444,489	1,440,824	1,428,179	1,429,882
2007	1,559,952	1,646,305	1,543,349	1,522,130	1,475,480	1,467,334
2008	1,464,229	1,466,146	1,319,181	1,360,225	1,236,615	1,225,471
2009	1,373,013	1,474,747	1,434,070	1,375,185	1,257,424	1,290,717
2010	1,333,978	1,401,015	1,273,377	1,092,137	1,023,804	1,038,909

（単位：人）

資料：国土交通省『航空輸送統計調査年報』平成18–22年度
　　　国際航空月別運航及び輸送実績（表5または6）

■図14–1　わが国の国際航空旅客数の時間的推移と変化率

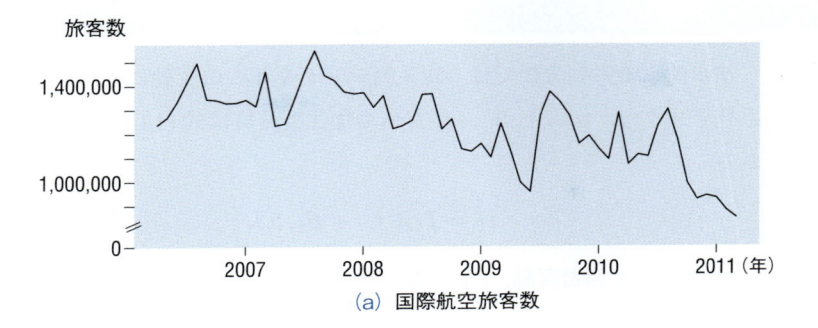

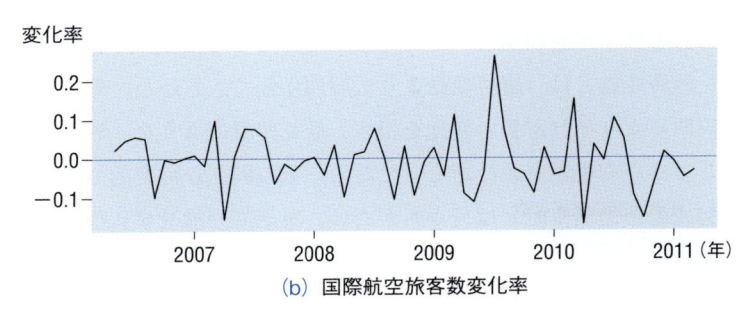

(a) 国際航空旅客数

(b) 国際航空旅客数変化率

資料：表14–1

もあるように見える。

　そのような不規則な変動がある一方で，1年を周期とした規則的な変動も見られる。**表14–1**を注意深く読むと，8月は前後の月よりも旅客数が多い。3月にも弱いながら同じ特徴が見出せる。逆に4月から6月にかけては前後の月よりも旅客数が少ない。2月も旅客数が若干減る。1年を周期とするこれらの特徴は年次データには現れない。

　さらに，全体的な趨勢として，旅客数は漸減しているように見える。

　こうした，性格の異なる変動を別々に取り出すことができれば，時系列データを分析しやすくなるはずである。

14.2 時系列を構成する変動

初歩的な時系列分析では，時系列データを 4 つの変動に分解する．時系列データ x_t （$t = 1, 2, \ldots, N$）の加法型分解は式 (14.1) であたえられる．

$$x_t = T_t + C_t + S_t + I_t \qquad (14.1)$$

ここで，T_t を**趨勢変動**，C_t を**循環変動**，S_t を**季節変動**，I_t を**不規則変動**とよぶ．

趨勢変動とは，長期的な傾向を指す．画期的な技術革新によって惹起される数十年を周期とするようなゆっくりとした変動が念頭にある．

循環変動とは，趨勢変動よりも周期が短く，しかし，年（季節変動の周期）よりそれが長い変動を指す．景気循環のような，数年を周期とするような変動が念頭にある．ただし，その周期が可変的であるため，趨勢変動と循環変動とは分かちがたい．あえて分離せずに扱われることもある．

季節変動とは，1 年を周期とする規則的な変動を指す．表 14–1 において観察される，8 月の旅客数が前後の月のそれよりもいつも多い現象は季節変動の典型である．この現象は，その時期が夏休みに当たるという社会制度に起因しているので，毎年繰り返される．こうした社会制度の他に，気温などの自然現象によっても季節変動が生じる．光熱費にあらわれる 1 年周期の規則的な変動が好例である．

不規則変動とは，上記の 3 つの変動ではあらわせない変動を指す．偶発的な原因によって発生した一時的な変動が典型である．たとえば，新型インフルエンザの流行によって旅客数が急減したり，その反動でその後に急増したことは不規則変動である．猛暑のためビール系飲料が例年以上に売れたとすると，例年を上回る分は不規則変動となる．

乗法型分解では，$x_t = T_t C_t S_t I_t$ が成り立つと想定する．対数関数の性質をもちいれば，$\log x_t = \log T_t + \log C_t + \log S_t + \log I_t$ と変形で

きる。つまり，形式的に加法型分解 (14.1) と同型になる。以降の説明では，加法型分解について説明する。

14.3 変動の抽出

▶ 14.3.1 趨勢変動・循環変動の抽出

時系列データ x_t（$t = 1, 2, \ldots, N$）から 4 つの変動を抽出するもっとも基本的な手順を説明する。

不規則変動 I_t（$t = 1, 2, \ldots, N$）は偶発的に発生し，平均的には 0 と仮定する。つまり，不規則変動は量も符号も偶然に決まり，いくつかの不規則変動を集めて平均すると，互いに打ち消しあって，結果的に平均値が無視できるほど小さくなると想定する。

季節変動 S_t（$t = 1, 2, \ldots, N$）は，一定の周期をもつ規則的な変動である。ここで，「規則的な」とは「ある季節に対応する季節変動が定数であらわせる」ことを意味する。たとえば，8 月に旅客数が多くなるのは，8 月であるということによって一定数だけ旅客数が多めの値を取ると考える。多くの場合，季節変動の周期は 1 年である。たとえば，月次データでは 12 か月が季節変動の周期であり，四半期データでは 4 四半期である。1 周期分の季節変動の総和（ないし平均）が 0 となるように，季節変動は調整しておくとする。

不規則変動は平均を取ることによって相殺される。季節変動は，周期の定数倍の長さの期間を平均すれば相殺される。これらに対して，趨勢変動や循環変動は，双方ともゆっくりと変化するので，短い期間で平均してもなくならない。このことから，平均を取るという操作によって，趨勢変動・循環変動と季節変動・不規則変動とを分離できそうである。

試みに，旅客数（**表 14–1**）から，前後の 2 か月間と当月の 5 か月間の平均

■図14–2　わが国の国際航空旅客数（原系列と5項移動平均，中心化12項移動平均）

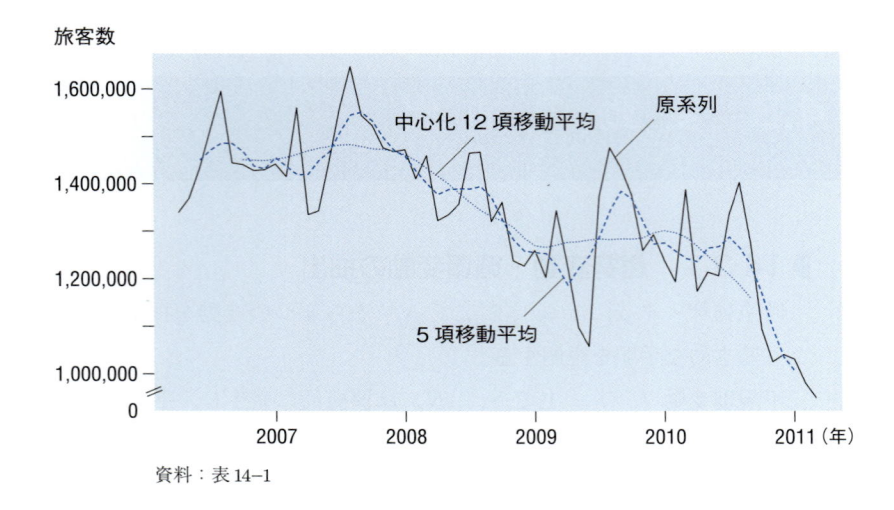

資料：表14–1

$$\bar{x}_{t(5)} = \frac{x_{t-2} + x_{t-1} + x_t + x_{t+1} + x_{t+2}}{5}$$

を計算する。これは**移動平均**（5項移動平均）とよばれる。

図14–2における青色の破線は，5項移動平均を示す。図14–2から，原系列に比べると5項移動平均は不規則変動が取り除かれて，動きが滑らかになっている。ただし，季節変動は残存している。平均を取る長さ（5か月）が季節変動の周期よりも短いためである。

季節変動を除去するには，季節変動の周期である12か月の整数倍の項の移動平均を計算する必要がある。このように項が偶数のとき，移動平均に2つの候補がある。1つは，前6か月と当月，後ろ5か月の12項の平均である。もう1つは，前5か月と当月，後ろ6か月の12項の平均である。そこで，両者の平均によって12項移動平均を定義する。この操作を**中心化**とよぶ。図14–2は，その結果も示す（中心化12項移動平均）。今度は，不規則変動だけでなく季節変動も除去できているように見える。そこで，中心化12項移動平均を趨勢変動と循環変動の合成

$T_t + C_t$ と見ることにする。観察期間が短いので，趨勢変動と循環変動とを分離しないことにする。

▶ 14.3.2　季節変動と不規則変動の抽出

　原系列 $T_t + C_t + S_t + I_t$ から趨勢変動・循環変動の合成 $T_t + C_t$ を差し引けば，季節変動と不規則変動の合成 $S_t + I_t$ がえられる。後者の合成からそれぞれの変動を分離するには，つぎの性質をもちいる。同じ季節に対応する季節変動は，定数である。他方，不規則変動は，たとえ同じ季節であっても偶然に発生するので，平均すると相殺される。したがって，同じ季節に対応する季節変動と不規則変動の合成 $S_t + I_t$ を平均すれば，同じ季節の季節変動 S_t が定数である一方で，不規則変動 I_t が相殺されるので，季節変動が抽出できる。

　たとえば，各年の 1 月に対応する季節変動と不規則変動との合成 $S_t + I_t$ を集めて平均すれば，1 月の季節変動の近似値がえられる。1 月から 12 月までの季節変動の平均が 0 にならないときは，その平均を各月の季節変動から減じて平均が 0 になるように調整する。

　季節変動 S_t が抽出された後は，それを合成系列 $S_t + I_t$ から差し引けば不規則変動 I_t がえられる。

　以上の一連の操作でえた分解を図 14–3 に示す。図 14–3 の一部に先頭と最後尾の 6 か月が表示されていないのは，その部分の移動平均が計算できないためである。より洗練された手法では，この部分も計算される。

　全体的な傾向（趨勢変動と循環変動）と一定周期の規則的な変動（季節変動），偶発的な要因による変動（不規則変動）に分けることによって，旅客数（表 14–1）のもつ特徴が分かりやすくなった。趨勢変動と循環変動の合成から，旅客数の平均的な動きは，2007 年半ばまで横ばい，そこから 2008 年後半まで漸減，2010 年初頭まで微増，そして再度漸減となっていることが分かる。季節変動から，8 月に顕著な，3 月にも目立った旅客数の増加がある一方で，4・5・6 月は他の月よりも旅客が少なく，2 月にも落ち込みがあることが分かる。不規則変動には，たとえ

■図 14–3　わが国の国際航空旅客数の変動への分解

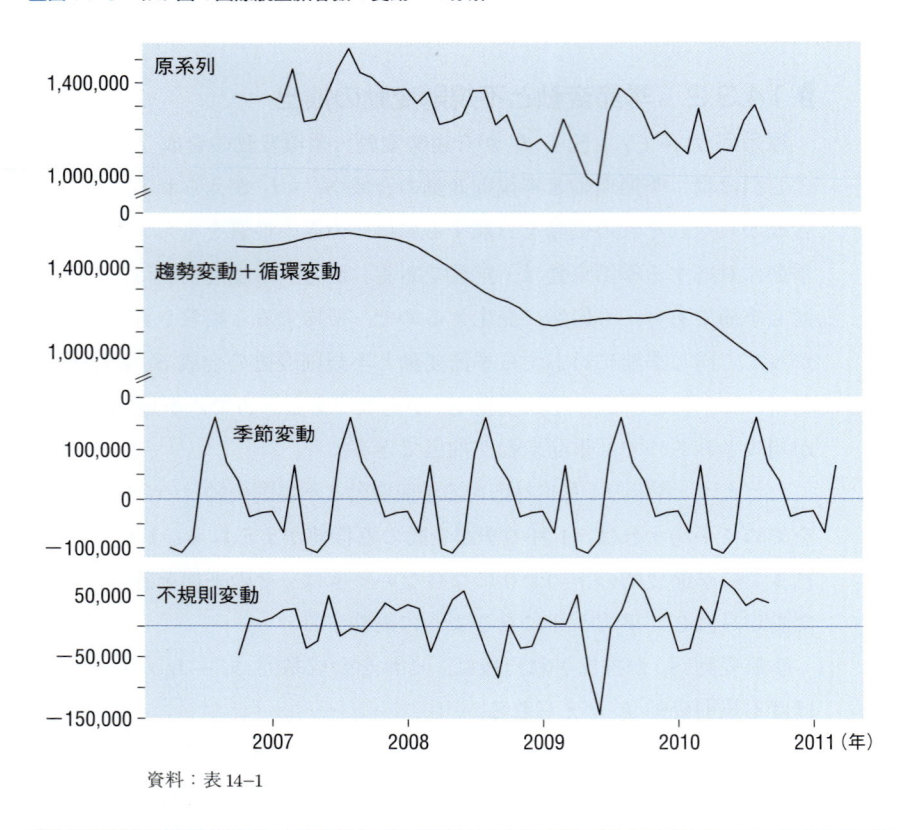

資料：表 14–1

ば，2009 年半ばの急減が反映されている。

14.4 季節調整

14.4.1 季節調整済み系列

季節調整とは，原系列 x_t $(t=1, 2, \ldots, N)$ から季節変動を除去する操作を指す．季節調整された時系列データを**季節調整済み系列**とよぶ．加法型の場合は $x_t - S_t$ が，乗法型の場合は x_t/S_t が季節調整済み系列である．図 14–4 は，表 14–1 から季節変動を差し引いて作成した旅客数の季節調整済み系列を示す．図 14–4 は，趨勢変動と循環変動，不規則変動の合成 $T_t + C_t + I_t$ をあらわしているとも解釈できる．

■図 14–4　季節調整済み国際航空旅客数

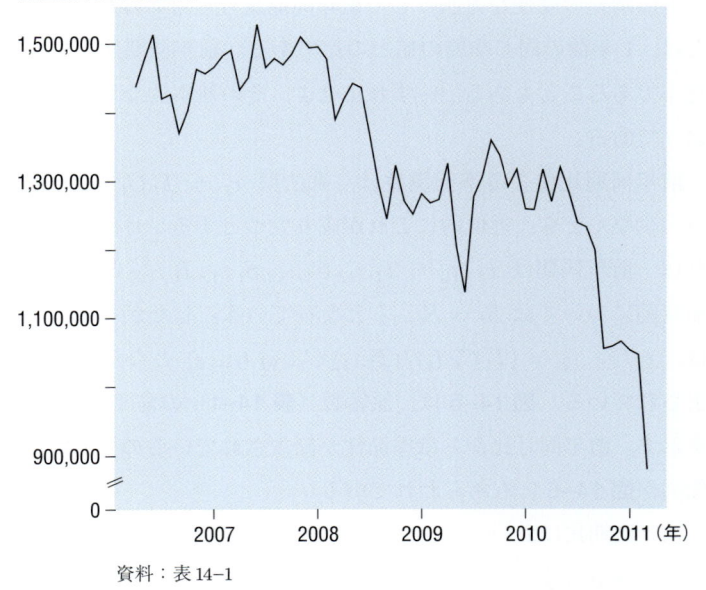

資料：表 14–1

季節調整を施す理由は以下のとおりである。季節変動とは，社会的・自然的原因によって自動的に繰り返される。たとえば，8月の旅客数が年内の最大値になるのは，夏休みという社会制度に原因があり，毎年繰り返される。景気判断のように，その時点での状況を判断する際に，そのような自動的な変化はかえって邪魔である。たとえば，7月の旅客数よりも8月のそれが多いのはいつものことである。状況判断としての問題は，7月から8月への増え方が，例年よりも大きいのか小さいのかである。季節変動があらかじめ除去されていれば，7月と8月の数値を比べるだけで状況判断ができる。

　こうした理由から，月次や四半期で公表される公的統計では，季節調整済み系列も公表されることが多い。ただし，公的統計で利用される季節調整法は，ここで紹介した方法ほど単純ではない。その理由の一端は「コラム：季節変動の変化」（186ページ）で紹介する。

▶14.4.2　前 年 同 期 比

　季節調整の簡便な方法として**前年同期比**ももちいられる。前年同期比とは，1年前の同じ季節の値との比である。前年同期比と称しながら変化率であることもある。いずれにせよ，その基本的な考え方は以下のとおりである。

　前年同期比による季節調整は，乗法型 $x_t = T_t C_t S_t I_t$ を前提とする。少なくとも，近似的にこれが成り立つとする。月次データを想定すれば，前年同期は $x_{t-12} = T_{t-12} C_{t-12} S_{t-12} I_{t-12}$ とあらわせる。季節変動については $S_t = S_{t-12}$ となっている。したがって，前年同期比は，$x_t/x_{t-12} = (T_t C_t I_t)/(T_{t-12} C_{t-12} I_{t-12})$ となる。季節変動は除去されている。図14–5 は，旅客数（表14–1）の前年同月比（変化率）を示す。前年同月比からは季節性が除去されているので，趨勢的な漸減傾向が図14–5 にもあらわれている。

　前年同期比においては，1つの不規則変動 I_t の影響が2回あらわれることに注意しよう。最初にそれが分子に登場するときと，その1年後に

■図 14–5　国際航空旅客数前年同月比（変化率）

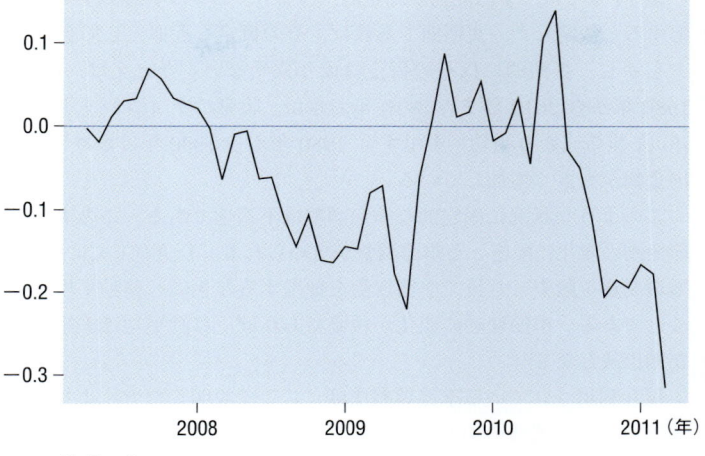

資料：表 14–1

それが分母に登場するときとである。たとえば，図 14–5 において，2009年 5 月（と 6 月）の旅客数の急減の影響は，その月の前年同月比の急低下とその翌年の同じ月の急上昇とにあらわれる。前年同期比を利用するときには，この点に注意しなければならない。

❖ コラム：季節変動の変化

第 14 章では，季節変動が固定的，つまり，1 つの季節に 1 つの定数が対応すると仮定した。短期間であれば，その仮定も近似として認められる。

しかし，長期的にはその仮定は成り立たない。たとえば，図 14–6 は，1980 年から 2010 年までの 10 年おきに，世帯のチョコレートへの支出金額（1 世帯当たり平均）を示す[1]。1980 年から 1990 年にかけて，2 月の支出金額が大きく増加している。

このような状況に固定的な季節調整は不適切である。この場合には，季節変動の変化に配慮した季節調整が求められる。1 つの工夫は，趨勢変動・循環変動を除去した後で季節変動を抽出するときに，移動平均を適用することである。季節変動の変化が緩慢であれば，移動平均は季節変動の適切な抽出法となる。

現在利用されている季節調整法は，ここで説明した方法よりもいっそう複雑である。興味のある読者は廣松・浪花・高岡 (2006) などを参照されたい。

■図 14–6　チョコレートの月別支出

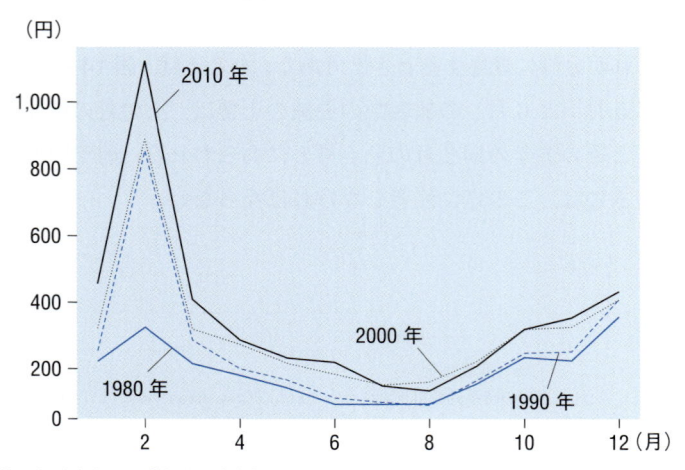

資料：総務省統計局『家計調査年報』1980 年第 16 表，1990 年第 16 表，2000 年第 17 表，2010 年 I 家計収支編第 3 表

---

[1] 家計消費研究会 (1996) 106 ページにチョコレートの月別支出のパターンに変化が生じていることが指摘されている。

練習問題

14.1 表 14–2 は通貨流通高をあらわす。表 14–2 について以下の問いに答えなさい。

(a) 移動平均によって，趨勢変動・循環変動 $T_t + C_t$ を抽出しなさい。

(b) 原系列 x_t から趨勢変動・循環変動 $T_t + C_t$ を差し引いて，季節変動と不規則変動との合成 $S_t + I_t$ を抽出しなさい。

(c) $S_t + I_t$ を月別に平均することによって，季節変動 S_t を求めなさい。

(d) $S_t + I_t$ から季節変動 S_t を差し引いて，不規則変動 I_t を求めなさい。

(e) 表 14–2 における季節変動がどのような理由によって生じるかを考察しなさい。

■表 14–2　**通貨流通高**

年	1月	2月	3月	4月	5月	6月
2007	-	-	-	816,358	794,844	803,224
2008	808,187	808,971	809,941	818,742	801,019	808,147
2009	814,211	814,642	814,215	828,691	809,322	812,533
2010	814,433	816,004	818,524	835,049	813,433	817,675
2011	830,731	833,300	854,266	856,830	833,510	837,849
2012	847,232	850,047	853,452	-	-	-

年	7月	8月	9月	10月	11月	12月
2007	800,333	797,034	801,310	801,000	803,793	858,551
2008	805,583	804,552	800,227	811,466	811,481	860,687
2009	809,064	806,864	804,435	807,713	808,003	855,106
2010	817,950	814,662	813,572	820,067	821,778	868,556
2011	838,613	836,898	833,864	837,998	839,763	885,465

(単位：億円)

資料：日本銀行『通貨流通高』
日本銀行の時系列統計検索サイト http://www.stat-search.boj.or.jp/index.html
「通貨関連 MA」→「メニュー検索」→「通貨流通高」(展開) →「(1) 種類別流通高」(展開) →「MA'MACCV1（流通高）」

参 考 文 献

Freedman, D., Pisani, R., and Purves, R. (2007), *Statistics*, fourth edition, Norton.

廣松毅・浪花貞夫・高岡慎 (2006)『経済時系列分析』多賀出版

家計消費研究会編 (1996)『家計簿からみたニッポン』大蔵省印刷局

森田優三・久次智雄 (1993)『新統計概論 改訂版』日本評論社

田中孝文 (2008)『R による時系列分析入門』シーエーピー出版

渡部洋・鈴木規夫・山田文康・大塚雄作 (1985)『探索的データ解析入門』朝倉書店

索　引

あ　行

移動平均　180

横断面データ　162

か　行

回帰係数　114
回帰直線　114
階級　8
階級幅　8
階差　165
開放間隔　82
加重平均　65
幹葉表示　92
関連係数　154

季節調整　183
季節調整済み系列　183
季節変動　178
共分散　103
均等線　58

決定比　117

さ　行

最小2乗法　110

最頻値　36
残差　110
残差プロット　119
算術平均からの偏差　47
散布図　100
散布図行列　136

時系列グラフ　162
時系列データ　162
自己相関係数　174
時差相関係数　171
ジニ係数　61
四分位点　46
四分位範囲　46
四分位偏差　47
重回帰式　139
周辺分布　149
循環変動　178
条件つき分布　151

趨勢変動　178
数量変数　148

正規方程式　113
正の相関　100
説明変数　114
前年同期比　184

相関係数　105

相対度数　8
双峰分布　12
属性変数　148

た　行

対数変換　126
多峰分布　12
単回帰式　139
単相関係数　144
単峰分布　12
弾力性　126

中央値　37
中心化　180

同時分布　149
度数　8
度数分布表　8

は　行

箱ヒゲ図　94
範囲　45

ヒストグラム　10
被説明変数　114
標準化変数　53
標準偏差　50
表章　148
表側　148
表体　148

表頭　148

不規則変動　178
負の相関　102
分位点　30
分割表　148
分散　49
分布関数　25

偏回帰係数　145
変化率　165
偏相関係数　144
変動係数　53

ま　行

右に歪んだ分布　13
密度　9

ら　行

ラグ　171

離散型変数　80

累積相対度数　25
累積度数　24

連続型変数　81

ローレンツ曲線　58

著者紹介

西 郷　浩（さいごう　ひろし）

1984年　早稲田大学政治経済学部経済学科卒業
1992年　早稲田大学大学院経済学研究科博士後期課程
　　　　単位取得中退
現　在　早稲田大学政治経済学術院教授

主要著書

Saigo, H. (2010), "Comparing Four Bootstrap Methods for Stratified Three-Stage Sampling," *Journal of Official Statistics*, 26, 193–207.

Saigo, H. (2007), "Mean-Adjusted Bootstrap for Two-Phase Sampling," *Survey Methodology*, 33, 61–68.

経済学叢書 Introductory　別巻
初級 統計分析

2012 年 8 月 10 日 ⓒ　　　　初 版 発 行
2022 年 10 月 25 日　　　　　初版第6刷発行

著　者　西郷　浩　　　　発行者　森平敏孝
　　　　　　　　　　　　印刷者　山岡影光
　　　　　　　　　　　　製本者　小西惠介

【発行】　　　　株式会社　**新世社**
〒151–0051　東京都渋谷区千駄ヶ谷1丁目3番25号
☎ (03) 5474–8818（代）　　サイエンスビル

【発売】　　　　株式会社　**サイエンス社**
〒151–0051　東京都渋谷区千駄ヶ谷1丁目3番25号
営業☎ (03) 5474–8500（代）　振替 00170–7–2387
FAX☎ (03) 5474–8900

印刷　三美印刷　　　製本　ブックアート
《検印省略》

本書の内容を無断で複写複製することは，著作者および出版者の権利を侵害することがありますので，その場合にはあらかじめ小社あて許諾をお求め下さい．

サイエンス社・新世社のホームページのご案内
http://www.saiensu.co.jp
ご意見・ご要望は
shin@saiensu.co.jp まで．

ISBN978–4–88384–187–5
PRINTED IN JAPAN

経済学叢書 Introductory

基礎から学ぶ ミクロ経済学
塩澤修平・北條陽子 共著　本体2,300円

入門 日本経済論
釣　雅雄 著　本体2,800円

はじめての人のための 経済学史
江頭　進 著　本体2,100円

財政学入門
西村幸浩 著　本体2,700円

地方財政論入門
佐藤主光 著　本体2,800円

金融論入門
清水克俊 著　本体2,600円

国際経済学入門
古沢泰治 著　本体2,550円

開発経済学入門 第2版
戸堂康之 著　本体2,600円

国際金融論入門
佐々木百合 著　本体2,000円

公共経済学入門
上村敏之 著　本体2,500円

入門計量経済学
―Excelによる実証分析へのガイド―
山本　拓・竹内明香 共著　本体2,500円

初級 統計分析
西郷　浩 著　本体1,800円

経済学で使う 微分入門
川西　諭 著　本体2,200円

基礎から学ぶ 実証分析
―計量経済学のための確率と統計―
丸茂幸平 著　本体2,300円

※表示価格はすべて税抜きです。

発行　新世社　　発売　サイエンス社